高等院校人工智能专业系列教材

人工智能创新实践教程

刘立波　主编

电子工业出版社
Publishing House of Electronics Industry
北京·BEIJING

内 容 简 介

本书主要内容分为三部分，逐步引导学生由浅入深、由简到难地学习。第一部分是环境基础教学，包括第 1、2 章，分别是实验环境搭建和 Python 编程语言基础；第二部分是机器学习，包括第 3～11 章，详细介绍了机器学习的核心算法原理及相关实战案例，如利用隐形眼镜数据集构建随机森林模型来预测适合客户的隐形眼镜类型、基于朴素贝叶斯分类算法实现年收入预测、采用支持向量机算法预测泰坦尼克号人员存活率；第三部分是深度学习，包括第 12～16 章，重点介绍深度学习基础知识和不同经典网络原理及相关实战案例，如利用卷积神经网络模型实现手写数字识别、采用 VGG16 模型实现天气识别，以人工智能的示范应用来启发学生进一步进行深化研究。

本书提供课程资源包，包括案例源代码、课件 PPT 等，可以在 https://www.hxedu.com.cn/ 上免费下载。

本书面向具有人工智能技术需求的相关专业学生，按照初学者的学习思维与人工智能的特点及规律进行设计，科学布局并合理规划课程路线，紧密结合机器学习与深度学习发展历程，并将陈述性理论知识穿插于技能训练中。

本书可作为高等院校计算机相关专业人工智能课程的教材或实践配套教材，也可作为非计算机相关专业人工智能创新实验课程和高等职业院校、培训类学校的参考书。

图书在版编目（CIP）数据

人工智能创新实践教程 / 刘立波主编．—北京：电子工业出版社，2024.5

ISBN 978-7-121-47910-6

Ⅰ．①人… Ⅱ．①刘… Ⅲ．①人工智能－高等学校－教材 Ⅳ．①TP18

中国国家版本馆 CIP 数据核字（2024）第 102137 号

责任编辑：孟　宇

印　　刷：北京捷迅佳彩印刷有限公司

装　　订：北京捷迅佳彩印刷有限公司

出版发行：电子工业出版社

　　　　　北京市海淀区万寿路 173 信箱　　　邮编：100036

开　　本：787×1092　1/16　印张：16.25　字数：395 千字

版　　次：2024 年 5 月第 1 版

印　　次：2025 年 2 月第 2 次印刷

定　　价：69.80 元

凡所购买电子工业出版社图书有缺损问题，请向购买书店调换。若书店售缺，请与本社发行部联系，联系及邮购电话：（010）88254888，88258888。

质量投诉请发邮件至 zlts@phei.com.cn，盗版侵权举报请发邮件至 dbqq@phei.com.cn。

本书咨询联系方式：mengyu@phei.com.cn。

前　言

2017 年发布的《国务院关于印发新一代人工智能发展规划的通知》（以下简称《规划》）指出，"到 2030 年人工智能理论、技术与应用总体达到世界领先水平，成为世界主要人工智能创新中心，智能经济、智能社会取得明显成效，为跻身创新型国家前列和经济强国奠定重要基础。"为了推动国内人工智能人才培养融入高等教育课程体系，满足高等院校人工智能专业建设要求，高等院校的教学和教材必须与时代同步并不断更新。

本书以"案例驱动，理论植入，思维培养，学科融合"为导向，将实战案例作为理论知识的载体，实现计算思维、程序设计与人工智能三者的有机融合。其中，每个实战案例均分解为若干任务，而每个任务又进一步分解为若干步骤，逐步引导学生由浅入深、由简到难地学习，突出了实用性、可操作性，体现了专业性、实践性、适用性，达到学以致用的目的。

本书内容围绕编程语言基础、环境配置、机器学习和深度学习等理论知识展开，致力于以通俗易懂的表述方式和丰富的实战案例来培养学生分析问题与解决问题的能力，引导非计算机相关专业学生快速上手人工智能编程，从而解决该学科所面临的问题。其中，在学科建设目标上，重点关注不同专业对人工智能技术的学习需求和存在的问题，一方面，将不同专业人工智能的应用特点和价值理念有机融入课程配套实战案例，实现多学科交叉融合培养；另一方面，密切关注人工智能的最新进展，适应信息技术与教育教学深度融合的需要，满足互联网时代学习特性需求，建设信息技术与教育教学深度融合、多种介质综合运用、表现力丰富的学科新形态教材，从而促进该学科更快、更好地发展。

本书教学建议以课堂教学为主，结合课外实验。课堂教学主要讲解基本算法原理，辅以实战案例，使学生对课程各章内容产生兴趣，从而促进其学习热情。要求学生在课堂教学和实践的基础上，自主完成网络资料与科技文献的检索工作，自主编写代码实现实战案例，以培养学生的科研素养及代码实现能力。

本书获"宁夏大学研究生教材建设项目"资助，在此表示感谢。

编著者在本书的编写过程中花费了大量的时间和精力，希望能为学生提供一本优质、准确、全面的教材，但由于精力和能力有限，书中不可避免地存在疏漏、不妥之处，诚邀广大读者批评指正。

刘立波

2024 年 4 月

目　　录

第一部分　环境基础教学

第二部分　机器学习

第三部分 深度学习

第一部分 环境基础教学

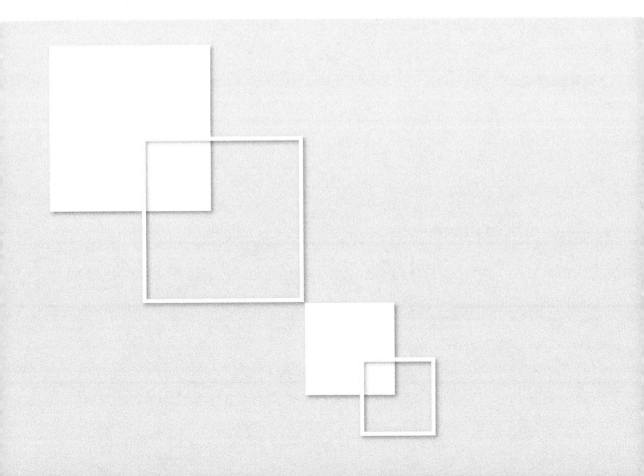

第 1 章

实验环境搭建

学而思行

实验环境搭建是科学研究和技术创新的基石，在这一过程中，我们不仅要追求所搭建环境的稳健性，还要思考实验与环境之间的关系，以及动手能力的培养。

只要计算机配置情况允许，在 Windows、Mac 或 Ubuntu 平台均可进行机器学习和深度学习环境的搭建，首先进行底层支撑平台的安装，然后安装实验所需软件包和框架。本章主要在 Windows 平台上为用户提供环境搭建步骤，以培养基础实践能力。读者也可在 Mac、Ubuntu 平台根据自身设备进行实践，在实际操作中培养自己的创新思维。

在开始介绍机器学习与深度学习内容前，需要提前准备机器学习与深度学习代码运行环境，以便更好地理解和掌握相关知识。本书基于 Windows 10 和 Python 3.9 构建 Python 开发平台。本章学习任务如下。

（1）搭建实验环境。

（2）学习使用常用安装命令。

（3）测试实验环境是否搭建成功。

实验环境搭建包括 Anaconda 的安装、PyCharm 的安装、使用 pip 命令安装三大常见的数据分析包及搭建 PyTorch 和 TensorFlow 的 CPU 版本深度学习框架。

1.1 Anaconda 的安装

Anaconda 是一款可以便捷获取 Python 包，并对 Python 包、环境进行统一管理的软件，也是开源的 Python 发行版本，自带 Python、Jupyter Notebook、Spyder，且包含了 Conda、Python 等超过 180 个科学包及其依赖项。它的特点是开源、安装过程简单、提供环境管理和包管理功能、高性能使用 Python 和 R 语言、提供免费的社区支持。

步骤 1：在 Anaconda 官网下载 Anaconda3 安装包。

步骤 2：安装 Anaconda。安装时需要注意以下几点。

① 一般来说，用户的计算机内只有一个账户，故默认选择"Just Me(recommended)"单选按钮，如果用户的计算机内有多个账户，则可选择"All Users(requires admin privileges)"单选按钮，如图 1.1 所示。

② 自行选择安装路径。此过程需要注意的是，目录路径中不能含有空格，同时不能是 Unicode 编码；尽量不以管理员身份安装。

③ 在"Advanced Options"（高级选项）选区中选择第二项，如图 1.2 所示。（某些教程建议选择第一项，此时，若用户之前配置过 Python 环境，则容易出现污染环境变量等各种问题。）

图 1.1　计算机账户选择

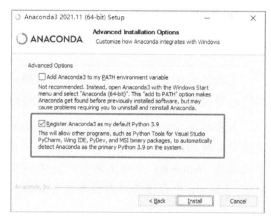

图 1.2　高级选项选择

步骤 3：在本地计算机上配置环境变量。

执行"此电脑"→"属性"→"高级系统设置"→"环境变量"→"系统变量"→"Path"→"编辑"命令，在本地计算机上配置环境变量，如图 1.3 所示。

图 1.3　在本地计算机上配置环境变量

步骤 4：新建系统变量。

按照上述步骤进入编辑系统变量界面，单击"新建"按钮，添加一系列 Anaconda3 安装路径，如图 1.4 方框中的内容所示。

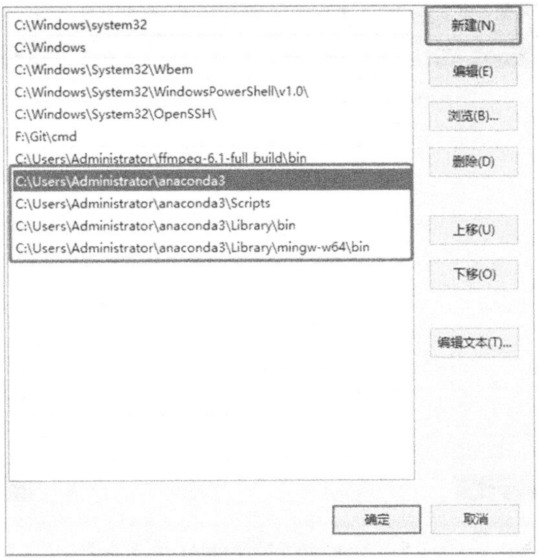

图 1.4　新建系统变量

环境变量中添加的路径格式如下：

Anaconda 所在的磁盘:\Anaconda 所在的路径\anaconda3

Anaconda 所在的磁盘:\Anaconda 所在的路径\anaconda3\Scripts

Anaconda 所在的磁盘:\Anaconda 所在的路径\anaconda3\Library\bin

Anaconda 所在的磁盘:\Anaconda 所在的路径\anaconda3\Library\mingw-w64\bin

例如：

E:\anaconda3

E:\anaconda3\Scripts

E:\anaconda3\Library\mingw-w64\bin

E:\anaconda3\Library\bin

步骤 5：对安装结果进行验证。

可以利用以下方式对安装结果进行验证。

① 执行"开始"→"Anaconda3 (64-bit)"→"Anaconda Navigator"命令，若能成功启动 Anaconda Navigator（反应时间可能较长），如图 1.5 所示，则说明安装成功。

② 执行"开始"→"Anaconda3 (64-bit)"→"Anaconda Prompt"→"以管理员身份运行"命令，并在"Anaconda Prompt"文本框中输入"conda info"，可以查看 Conda 环境等信息。若结果可以正常显示，则说明安装成功，如图 1.6 所示。

或者在"Anaconda Prompt"文本框中输入"conda --version"，若能输出 Conda 版本号，则说明安装成功，如图 1.7 所示。

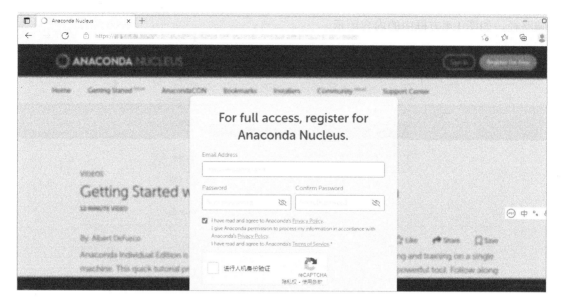

图 1.5　Anaconda Navigator 反应界面

```
(base) C:\Users\gyh12>conda info

     active environment : base
     active env location : D:\anaconda3
          shell level : 1
     user config file : C:\Users\gyh12\.condarc
populated config files : C:\Users\gyh12\.condarc
        conda version : 4.11.0
   conda-build version : 3.21.6
       python version : 3.9.7.final.0
      virtual packages : __win=0=0
                        __archspec=1=x86_64
     base environment : D:\anaconda3  (writable)
      conda av data dir : D:\anaconda3\etc\conda
conda av metadata url : None
          channel URLs : https://repo.anaconda.com/pkgs/main/win-64
                        https://repo.anaconda.com/pkgs/main/noarch
                        https://repo.anaconda.com/pkgs/r/win-64
                        https://repo.anaconda.com/pkgs/r/noarch
                        https://repo.anaconda.com/pkgs/msys2/win-64
                        https://repo.anaconda.com/pkgs/msys2/noarch
         package cache : D:\anaconda3\pkgs
                        C:\Users\gyh12\.conda\pkgs
                        C:\Users\gyh12\AppData\Local\conda\conda\pkgs
      envs directories : D:\anaconda3\envs
                        C:\Users\gyh12\.conda\envs
                        C:\Users\gyh12\AppData\Local\conda\conda\envs
             platform : win-64
           user-agent : conda/4.11.0 requests/2.26.0 CPython/3.9.7 Windows/10 Windows/10.0.19042
        administrator : False
           netrc file : None
         offline mode : False
```

图 1.6　查看 Conda 环境等信息

```
(base) C:\Users\gyh12>conda --version
conda 4.11.0
```

图 1.7　查看 Conda 版本号

③ 执行"开始"→"Anaconda3 (64-bit)"→"Spyder"命令，打开 Spyder 编辑器，

输入"print('hello world');",并按 F5 键运行,若能输出"hello world",则说明安装成功,如图 1.8 所示。

图 1.8 测试程序

至此,便完成了 Anaconda 的安装。

1.2 PyCharm 的安装与使用

PyCharm 是一种 Python IDE,带有一整套可以帮助用户在使用 Python 语言开发时提高其效率的工具,如调试、语法高亮、Project 管理、代码跳转、智能提示、自动完成、单元测试、版本控制。此外,PyCharm 还提供了一些高级功能,用于支持 Django 框架下的专业 Web 开发。

步骤 1:打开 PyCharm 官网,下载 PyCharm 安装包。

进入 PyCharm 官网,下载时有两个版本可供选择,分别是 Professional(专业版,收费)和 Community(社区版,免费),如图 1.9 所示。一般来说,初学者使用 Community 版本足以应付大部分编程需求,本书以 Community 版本为例。

图 1.9 PyCharm 版本

步骤 2:安装 PyCharm。

在 PyCharm 的安装过程中,需要进行一些设置,若没有特殊需求,则按照图 1.10 进行设置即可。

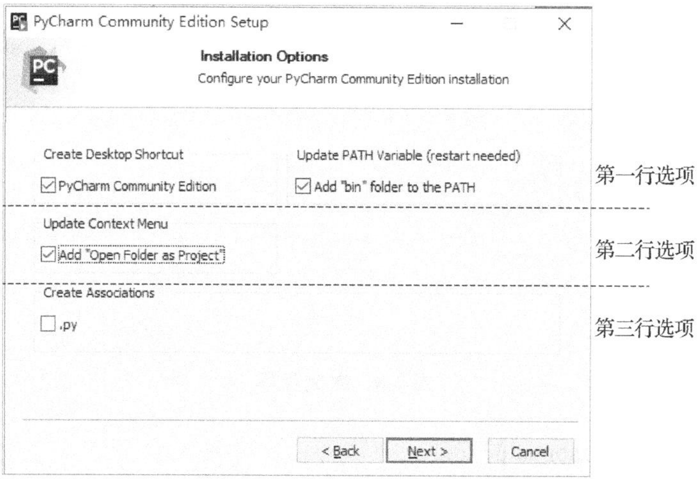

图 1.10   PyCharm 设置

若有特殊需求，则可按如下描述确定相关设置：第一行选项决定是否将 PyCharm 的启动目录添加到环境变量（需要重启）中，如果需要使用命令行操作 PyCharm，就可选中该行选项；第二行选项决定是否添加鼠标右键菜单，使用打开项目的方式打开文件夹，如果需要经常下载网络上的一些代码，就可选中该行选项；第三行选项决定是否将所有.py 文件关联到 PyCharm 中，如果用户希望双击计算机上的.py 文件时默认使用 PyCharm 打开，就可选中该行选项。

步骤 3：配置 PyCharm。

首次启动 PyCharm 会弹出配置界面，如果用户之前使用过 PyCharm 并有相关的配置文件，就选择对应的配置文件；如果没有相关的配置文件，就保持默认设置。

这里需要同意用户使用协议，并确定是否需要进行数据共享。

接着选择主题，左边为黑色主题，右边为白色主题，根据需要进行选择。

步骤 4：激活账号。

使用注册的账号登录并激活账号。

步骤 5：创建项目。

单击"New Project"按钮创建一个项目，随后选择项目创建路径和本地 Python 解释器，如图 1.11 所示。单击"Create"按钮即可创建项目。

步骤 6：创建 Python 文件。

右击项目名，在右键菜单中选择"New"→"Python File"选项，如图 1.12 所示。

在创建的 Python 文件中输入代码，随后在代码编辑区任意位置单击鼠标右键，在右键菜单中选择"运行"选项，在界面下方的控制台中显示 Python 代码的运行结果，如图 1.13 所示。

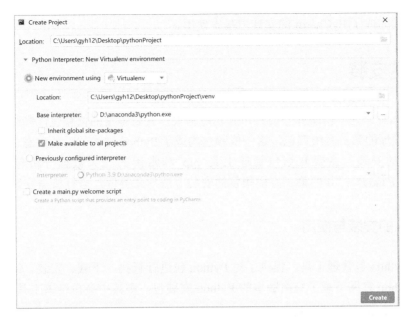

图 1.11 创建项目

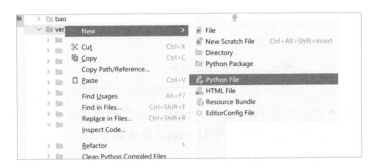

图 1.12 创建 Python 文件

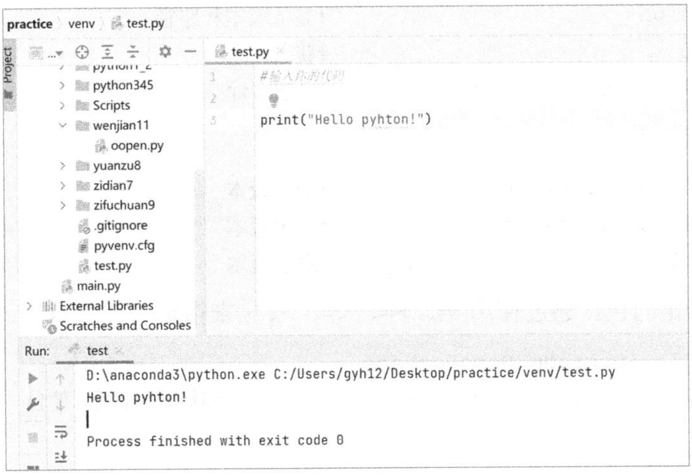

图 1.13 测试代码

至此，便完成了 PyCharm 的安装与基本使用。

1.3　包的安装

Python 本身作为一门解释型语言，其功能强大，有着丰富的依赖包，同时开源了许多应用于不同领域的第三方依赖包，这些依赖包构成了 Python 强大的功能生态。下面介绍第三方依赖包的安装，主要介绍包管理工具 pip 和常用的三大数据分析包（NumPy、Matplotlib 和 Pandas），其他第三方依赖包的安装方法与此类似，自行按需安装即可。

1.3.1　pip 的安装与使用

pip 是 Python 包管理工具，提供了对 Python 包进行查找、下载、安装、卸载的功能。若用户在 Python 官网下载了最新版本的 Python 安装包，则其中会自带该工具。

注意：Python 2.7.9 以上版本都自带 pip。

（1）pip 的安装。

用户前往 pip 官网下载 pip 并安装。可以通过以下命令来判断是否安装成功，若显示版本号，则说明 pip 工具安装成功：

```
pip --version        #Python2.x 版本命令
pip3 --version       #Python3.x 版本命令
```

一般情况下，pip 对应的是 Python 2.7，pip3 对应的是 Python 3.x。部分 Linux 发行版可直接用包管理器安装 pip，如 Debian 和 Ubuntu，命令如下：

```
sudo apt-get install python-pip
```

（2）pip 最常用的命令如下：

```
pip --version              #显示版本和路径
pip --help                 #获取帮助
pip install -U pip         #升级 pip
```

（3）安装依赖包：

```
pip install SomePackage            #最新版本
pip install SomePackage==1.0.4     #指定版本
pip install 'SomePackage>=1.0.4'   #最小版本
```

（4）升级指定的包。通过使用==、>=、<=、>、<来指定一个版本号：

```
pip install --upgrade SomePackage
pip install --upgrade SomePackage==1.0.4    #升级指定版本的包
```

（5）卸载包：

```
pip uninstall SomePackage
```

（6）清华大学开源软件镜像站。

如果用户的 pip 默认源网络连接较差，则可访问清华大学开源软件镜像站进行升级。

1.3.2 NumPy 的安装

NumPy（Numerical Python）是 Python 的数值计算扩展库，可用于存储和处理大型矩阵，比 Python 自身的嵌套列表结构（Nested List Structure）（该结构也可以用来表示矩阵）高效得多，支持大量的维度数组与矩阵运算，并针对数组运算提供了大量的数学函数库。

（1）在 Windows 系统下使用 pip 安装 NumPy。

安装 NumPy 最简单的方法就是使用 pip：

```
pip3 install --user numpy scipy matplotlib
```

其中，--user 选项可以设置只安装在当前用户下，而不写入系统目录。

默认情况下是使用国外线路进行下载，如果国外线路下载太慢，则可以在清华大学开源软件镜像站下载。

（2）在 Linux 系统下使用 pip 安装 NumPy。

Ubuntu 和 Debian：

```
sudo apt-get install python-numpy python-scipy python-matplotlib ipython
ipython-not ebook python-pandas python-sympy python-nose
```

CentOS/Fedora：

```
sudo dnf install numpy scipy python-matplotlib ipython python-pandas sympy
python-nose atlas-devel
```

macOS 的 Homebrew 不包含 NumPy 或其他一些科学计算包，但可以访问清华大学开源软件镜像站进行安装。

（3）NumPy 安装验证。

使用以下命令验证 NumPy 是否安装成功，结果如图 1.14 所示：

```
>>> from numpy import *
>>> eye(4)
```

```
>>> from numpy import *
>>> eye(4)
array([[1., 0., 0., 0.],
       [0., 1., 0., 0.],
       [0., 0., 1., 0.],
       [0., 0., 0., 1.]])
>>>
```

图 1.14　验证 NumPy 是否安装成功

1.3.3 Matplotlib 的安装

Matplotlib 是 Python 的一个 2D 绘图库，它以各种硬复制格式和跨平台的交互式环境生成出版质量级别的图形。通过 Matplotlib，开发者仅需几行代码便可以生成绘图、直方图、功率谱、条形图、折线图、散点图等。使用 pip 安装 Matplotlib 的过程如下：

```
python3 -m pip install -U pip              #升级 pip
python3 -m pip install -U matplotlib       #安装 Matplotlib
```

安装完成后，首先通过 import 来导入 Matplotlib，随后便可查看 Matplotlib 的版本号：

```
import matplotlib
print(matplotlib.__version__)
```

执行以上代码，输出结果如图 1.15 所示。

```
>>> import matplotlib
>>> print(matplotlib.__version__)
3.4.3
>>>
```

图 1.15　查看 Matplotlib 的版本号

1.3.4　Pandas 的安装

Pandas 是 Python 的一个数据分析包，最初由 AQR Capital Management 于 2008 年 4 月开发，并在 2009 年年底开源，目前由专注于 Python 数据包开发的 PyData 开发团队继续开发和维护。Pandas 最初作为金融数据分析工具，因此，Pandas 对时间序列的分析提供了有力支撑。Pandas 的名称来自面板数据（Panel Data）和 Python 数据分析（Data Analysis）。

在安装 Pandas 前，需要确保已经安装了 Python 和 pip。

使用 pip 安装 Pandas：

```
pip install pandas
```

安装成功后，首先需要导入 Pandas 包，随后进行使用或查看 Pandas 版本：

```
import pandas
>>> import pandas
>>> pandas.__version__
```

下面是一个简单的 Pandas 实例：

```
import pandas as pd
    mydataset = {
        'sites': ["Google", "Runoob", "Wiki"],
        'number': [1, 2, 3] }
myvar = pd.DataFrame(mydataset)
print(myvar)
```

执行以上代码，可得到一组表格型数据结构，如图 1.16 所示。

```
       sites  number
0   Google         1
1   Runoob         2
2     Wiki         3
>>>
```

图 1.16　Pandas 测试的输出结果

1.4　框架搭建

如今开源生态已非常完善，与深度学习相关的开源框架众多，研究者使用各种不同的框架来达到其研究目的，而一个合适的框架能起到事半功倍的作用。目前流行的深度学习框架有 TensorFlow、Caffe、Theano、MXNet、Torch 和 PyTorch。

本节在这里只做 CPU 版本的框架搭建，GPU 版本必须安装 CUDA 和 cuDNN 才能使用对应命令搭建框架（本节默认已经安装 Anaconda 和 PyCharm）。

1.4.1　PyTorch-CPU 的安装

PyTorch 的前身是 Torch，其底层和 Torch 一样，但是它使用 Python 重新编写了很多内容，不仅更加灵活，支持动态图，还提供了 Python 接口。它是由 Torch7 团队开发的，是一个以 Python 编程语言优先的深度学习框架，不仅能够实现强大的 GPU 加速功能，还支持动态神经网络，这是很多主流深度学习框架（如 TensorFlow 等）都不支持的。PyTorch 既可以看作加入了 GPU 支持的 NumPy，又可以看作一个拥有自动求导功能的强大的深度神经网络。PyTorch-CPU 的安装过程如下。

（1）添加镜像源。

在清华大学开源软件镜像站下载安装包，打开 cmd 或 Anaconda Prompt 命令提示符窗口，进行 PyTorch-CPU 的安装。

配置 pkgs/free/、pkgs/main/ 和 cloud/pytorch/ 等多个清华大学开源软件镜像站下的目录，以便为 PyTorch 所需的全部相关库提供国内镜像源。

添加完成后，运行下面的代码，查看镜像源是否配置成功：

```
conda config --show
```

如果在"channels"下方可以看到所添加的镜像源，则说明配置成功。

（2）在 Windows 10 系统下配置 PyTorch-CPU。

打开 cmd 命令提示符窗口，输入以下代码查看当前环境：

```
conda info -e
```

运行结果如图 1.17 所示。

```
C:\Users\gyh12>conda info -e
# conda environments:
#
base                    *  D:\anaconda3
```

图 1.17　查看当前环境

安装完 Anaconda 后，默认只有一个 base 环境，用户可以输入以下命令创建一个新的 Python 虚拟环境（其中，-n 后面是虚拟环境的名称）：

```
conda create -n torch python=3.9
```

创建完成后，输入以下命令激活环境：

```
conda activate torch
```

如图 1.18 所示，当出现"(torch)"时，表明虚拟环境创建成功，并且用户已成功进入该虚拟环境。

```
(base) C:\Users\gyh12>conda activate torch

(torch) C:\Users\gyh12>_
```

图 1.18　虚拟环境创建成功

进入 PyTorch 官网，单击"Get Started"按钮，在弹出的界面中，根据计算机操作系统版本选择对应的安装版本，如图 1.19 所示。

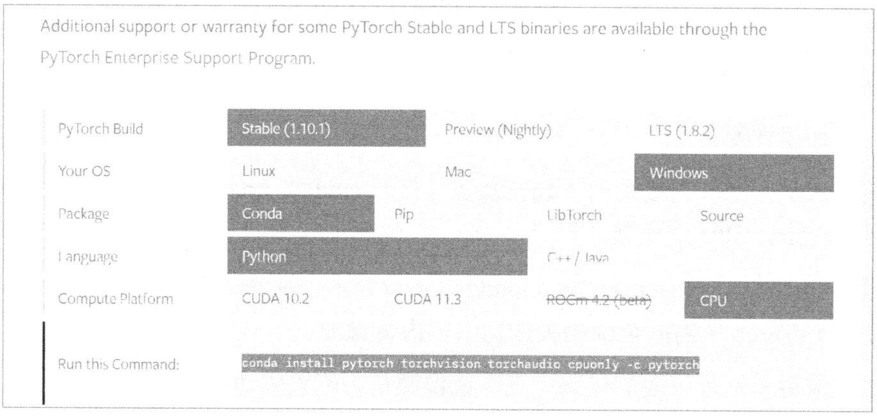

图 1.19　选择 PyTorch 的安装版本

由于安装的是 CPU 版本，因此不需要 CUDA。选择完成后，将代码复制到 cmd 命令提示符窗口中：

```
conda install pytorch torchvision torchaudio cpuonly -c pytorch
```

至此，PyTorch-CPU 就安装完成了，接下来进行简单的验证。进入 Python 环境或 PyCharm，输入"import torch"，如果没有报错，如图 1.20 所示，则说明安装成功。

图 1.20　PyTorch-CPU 安装成功

1.4.2　TensorFlow-CPU 的安装

Google 开源的 TensorFlow 是一款由 C++语言开发的数学计算软件，它使用数据流图（Data Flow Graph）的形式进行计算。TensorFlow 灵活的架构使之可以部署在具有一个或多个 CPU、GPU 的台式计算机及服务器中，也可以使用单一的 API 应用在移动设备中。TensorFlow 最初针对机器学习和深度神经网络的研究而开发，开源之后几乎适用于各个领域。

TensorFlow 是全世界使用人数最多、社区最庞大的一个框架，其维护与更新比较频繁，并且有 Python 和 C++接口，教程也非常完善。TensorFlow-CPU 的安装过程如下。

（1）安装 TensorFlow 环境。

步骤 1：在 Anaconda Prompt 命令提示符窗口中使用以下命令将下载源恢复为默认源。

```
conda config --remove-key channels
```

步骤 2：使用以下命令将 Conda 更新为最新版本。

```
conda update -n base conda
```

步骤 3：创建 tensorflow-cpu 虚拟环境。其中，tensorflow-cpu 为虚拟环境的名称，可自行更改。创建命令如下，创建结果如图 1.21 所示。

```
conda create -n tensorflow-cpu
```

步骤 4：激活 tensorflow-cpu 虚拟环境。使用以下命令激活所创建的虚拟环境：

```
conda activate tensorflow-cpu
```

如图 1.22 所示，左侧起始处括号内的内容就是当前所在虚拟环境的名称。

新创建的虚拟环境的实际位置是在 Anaconda 安装位置\envs 目录下。

```
C:\Users\gyh12>conda create -n tensorflow-cpu1
Collecting package metadata (current_repodata.json): done
Solving environment: done

## Package Plan ##

  environment location: D:\anaconda3\envs\tensorflow-cpu1


Proceed ([y]/n)? y

Preparing transaction: done
Verifying transaction: done
Executing transaction: done
#
# To activate this environment, use
#
#     $ conda activate tensorflow-cpu1
#
# To deactivate an active environment, use
#
#     $ conda deactivate
```

图 1.21　创建结果

```
(torch) C:\Users\gyh12>conda activate tensorflow-cpu

(tensorflow-cpu) C:\Users\gyh12>
```

图 1.22　激活 tensorflow-cpu 虚拟环境

步骤 5：安装 TensorFlow 及其依赖环境。输入以下命令安装 TensorFlow 及其依赖环境。

`conda install tensorflow`

（2）在 PyCharm 中使用创建的虚拟环境运行代码。

步骤 1：打开 PyCharm，执行"File"→"Settings"命令。

如图 1.23 所示，选择"Python Interpreter"选项，并单击"Add"按钮。

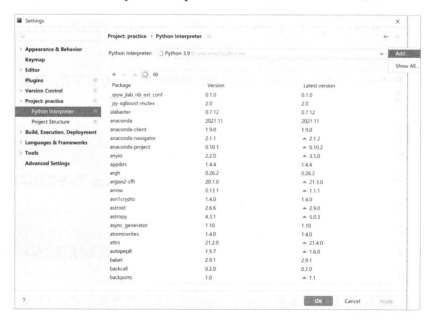

图 1.23　"Settings"对话框

步骤 2：在弹出的对话框中选择"System Interpreter"选项，并在"Interpreter"下拉列表中选择前面创建的 tensorflow-cpu 虚拟环境中的 Python 解释器，如图 1.24 所示。

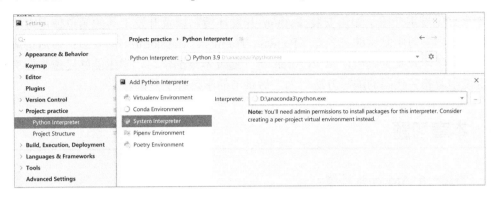

图 1.24　选择 Python 解释器操作

步骤 3：在弹出的对话框中选择 Anaconda 的安装位置，在 envs\tensorflow-cpu\Tools 目录下选择 python.exe 作为解释器。

（3）测试 TensorFlow 是否安装成功。

首先在 PyCharm 项目中创建一个 Python 文件，运行如下代码：

```python
import tensorflow as tf
if __name__ == '__main__':
    tf.compat.v1.disable_eager_execution()
    hello = tf.constant('hello, tensorflow')
    sess = tf.compat.v1.Session()
    print(sess.run(hello))
```

该代码使用 TensorFlow 库创建了一个常量字符串 hello，并创建了一个 Session 对象来运行计算图（计算操作的结果）；在打印语句中，使用 sess.run()方法创建 hello 变量，为其赋值——'hello, tensorflow'并输出结果，即'hello, tensorflow'字符串。

若运行成功（无错误），则表明 TensorFlow 安装成功，如图 1.25 所示。

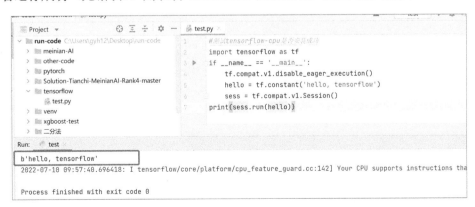

图 1.25　TensorFlow 安装成功

1.5　本章小结

　　本章首先着重介绍了如何安装 Python 开发环境，以及开发工具的简单使用方法；然后介绍了机器学习中常用的三大库（Pandas、NumPy、Matplotlib）的安装；最后讲解了如何使用深度学习开发工具包，如 PyTorch 等。通过本章的学习，学生能够迅速掌握机器学习及深度学习相关代码的编写方法，为之后章节的学习打下基础。

1.6　本章习题

1. 搭建一个 Anaconda 环境。
2. 安装 Pandas、NumPy、Matplotlib 三大库。
3. 安装一个深度学习常用工具包（PyTorch/TensorFlow）。

习题解析

第**2**章

Python 编程语言基础

学而思行

在这个日新月异、科技高速发展的时代,计算机科学已经成为当今社会最为重要的学科之一。而 Python 作为计算机科学领域最受欢迎的编程语言之一,正逐渐成为人们学习计算机科学的基础。通过学习 Python 编程语言,读者不仅可以掌握一种技能,还可以培养一种思维方式,提高自己的逻辑思维能力、抽象思维能力和创新思维能力。

通过对 Python 编程语言基础的学习,读者不仅能够掌握 Python 编程语言的基本语法、数据类型、控制结构、函数等基础知识,还能够运用 Python 编程语言解决实际问题,培养自己的综合素质。

Python 是一种高级的、解释型的、通用的编程语言,其设计哲学是"优雅""明确""简单",语法清楚、干净、易读、易维护,编程简单、直接,适合初学者,可以让初学者专注于编程逻辑,而不是困惑于晦涩的语法细节。

Python 语言的主要特点:①开源免费,它是开源软件,任何人都可以免费下载和使用,而且其源代码也是公开的,任何人都可以参与到 Python 语言的开发和改进中;②简单易学,它的语法简洁、清晰,接近自然语言,易于阅读和编写,而且不需要声明变量类型,也不需要在语句末尾加分号,使得代码更加简洁和优雅;③功能强大,它拥有丰富的标准库和第三方库,提供多种功能,涵盖文件操作、网络编程、数据库访问、图形界面、数据分析、机器学习等多个领域;④解释型、跨平台,它是一种解释型语言,不需要编译成二进制代码就能运行,它由解释器在运行时动态地执行代码,这使得 Python 语言可以在多种平台上运行。

2.1 基础语法

本节主要介绍 Python 语言的基础语法,涉及输入/输出函数、标识符、关键字、变量、数据类型、注释、运算符，该部分是后续进行 Python 编程的基础，需要重点掌握。

2.1.1 输入/输出函数

Python 程序设计中有 3 个重要的基本输入/输出函数，用于输入、转换和输出，分别是 input()函数、eval()函数、print()函数。

1. Python 的输入函数 input()

input()函数从控制台获得用户的一行输入，无论用户输入什么内容，input()函数都以字符串类型返回结果。input()函数可以包含一些提示性文字，用来提示用户。

input()函数的基本使用方法如下：

```
present=input('你最想要什么呢？')
```

2. Python 的转换输入函数 eval()

eval()函数去掉字符串最外侧的引号，并按照 Python 语句方式执行去掉引号后的字符内容。

eval()函数的基本使用方法如下：

```
>>> a = eval("20")
>>> a
20
```

3. Python 的输出函数 print()

print()函数是 Python 中可以直接使用的输出函数，可以将用户想展示的内容在 IDLE 或标准控制台上进行显示。print()函数输出的内容可以是数字、字符、含有运算符的表达式，并且可以将上述内容输出到显示器或文件中。同时，print()函数的输出形式有换行和不换行两种。

print()函数的基本使用方法如下：

```
>>>print("runoob")        # 输出字符串
runoob
>>> print(100)            # 输出数字
100
>>> str = 'runoob'
>>> print(str)            # 输出变量
runoob
```

4. Python 中的转义字符

在计算机中，所有的 ASCII 字符都可以用"\"（反斜杠）加数字（一般是八进制数字）来表示。而 C 语言中定义了一些在字母前加"\"来表示常见的不能显示的 ASCII 字符，如\0、\t、\n 等，称之为转义字符，即"\"后面的字符都不是它本来的 ASCII 字符含义。

当字符串中包含反斜杠、单引号和双引号等具有特殊用途的字符时，必须使用反斜杠对这些字符进行转义。当字符串中包含换行、回车、水平制表符或退格等无法直接表示的特殊字符时，也可以使用转义字符。常用的转义字符如表 2.1 所示。

表 2.1　常用的转义字符

转义字符	意义
\a	响铃
\b	退格，将当前位置移到前一列
\f	换页，将当前位置移到下一页开头位置
\n	换行，将当前位置移到下一行开头位置
\r	回车，将当前位置移到本行开头位置
\t	水平制表
\v	垂直制表
\\	代表一个反斜杠字符
\'	代表一个单引号字符
\"	代表一个双引号字符
\?	代表一个问号
\0	空字符

示例代码如下：

```
str1 = '网站\t\t 域名\t\t\t 年龄\t\t 价值'
str2 = 'C 语言中文网\t\tC 语言中文网网址\t\t8\t\t500W'
str3 = '百度\t\t 百度网址\t\t20\t\t500000W'
print(str1)
print(str2)
print(str3)
info = "Python 教程：Python 教程网址\n\C++教程：C++教程网址\n\Linux 教程：Linux
教程网址"
#\n 在输出时换行，\在书写字符串时换行
print(info)
```

运行结果如下：

```
网站              域名                                          年龄      价值
C 语言中文网        C 语言中文网网址                               8        500W
百度              百度网址                                       20       500000W
Python 教程：      Python 教程网址
\C++教程：         C++教程网址
\Linux 教程：      Linux 教程网址
```

2.1.2 标识符和关键字

标识符是编程时使用的"名字",是给类、接口、方法、变量、常量等起名字的字符序列。在 Python 中,对标识符格式的要求与 C/C++、Java 等语言相似,具体如下。

(1)第一个字符必须是字母表中的字母或下画线。

(2)标识符的其他部分由字母、数字和下画线组成。

(3)标识符对大小写敏感。

(4)标识符不能与关键字(保留字)相同。

举例:

```
num = 1
float = 0.5
true = True
```

以下是不正确的标识符举例:

```
1value = 1          #开头不能是数字
value0.1 = 0.1      #标识符中间只能是数字、字母、下画线
if = true           #与关键字 if 重名
```

关键字是 Python 语言中一些已经被赋予特定意义的单词。在开发程序时,不能把这些关键字作为变量、函数、类、模块和其他对象的名字来使用。Python 语言中的关键字如表 2.2 所示。

表 2.2　Python 语言中的关键字

关键字	描述	关键字	描述	关键字	描述
and	逻辑运算符	def	定义函数	continue	继续循环
as	创建别名	del	删除对象	break	跳出循环
assert	用于调试	not	逻辑运算符	except	处理异常
True	布尔值,真	or	逻辑运算符	finally	处理异常
False	布尔值,假	None	空值	raise	产生异常
lambda	创建匿名函数	if	写条件语句	return	返回
import	导入模块	nonlocal	声明非局部变量	for	创建 for 循环
global	声明全局变量	elif	条件语句中使用	else	用于条件语句
from	导入模块部分	is	测试两个变量是否相等	pass	什么都不做
while	创建 while 循环	class	定义类	—	—

使用以下代码查看 Python 中所有的关键字:

```
import keyword
print(keyword.kwlist)
```

运行结果如下:

```
['False', 'None', 'True', '__peg_parser__', 'and', 'as', 'assert',
```

```
'async', 'await', 'break', 'class', 'continue', 'def', 'del', 'elif', 'else',
'except', 'finally', 'for', 'from', 'global', 'if', 'import', 'in', 'is',
'lambda', 'nonlocal', 'not', 'or', 'pass', 'raise', 'return', 'try', 'while',
'with', 'yield']
```

2.1.3 变量、数据类型及注释

变量是计算机内存的存储位置的表示，也叫内存变量，用于在程序中临时保存一个或一组数据。在内存中存储的数据可以有多种类型，如整数类型、浮点数类型、布尔类型、字符串类型。

1. 变量

变量是内存中一个带标签的盒子，如图 2.1 所示。

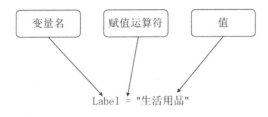

图 2.1 变量的表示

变量由以下 3 部分组成，如图 2.2 所示。

（1）标识：表示对象所存储的内存地址，使用内置函数 id(obj) 来获取。

（2）类型：表示对象的数据类型，使用内置函数 type(obj) 来获取。

（3）值：表示对象所存储的具体数值，使用 print(obj) 可以将值打印输出。

图 2.2 变量的组成

示例代码如下：

```
""" 变量的定义"""
# 定义 qq 号码变量
qq_number = "1234567"
# 定义 qq 密码变量
qq_password = "1234567"
```

```
# 在程序中，如果要输出变量的内容，就需要使用 print()函数
print(qq_number)

print(qq_password)
```

运行结果如下：

```
1234567

1234567
```

2. 数据类型

常用的数据类型如表 2.3 所示。

表2.3　常用的数据类型

数据类型	符号	举例
整数类型	int	98
浮点数类型	float	3.14159
布尔类型	bool	True、False
字符串类型	str	'欢迎使用 Python'

其中，整数类型的英文为 integer，简写为 int，可以表示正整数、负整数和零。整数的不同进制表示方式如下。

二进制（Binary）：0、1，满 2 进 1，以 0b 或 0B 开头。

十进制（Decimal）：0～9，满 10 进 1。

八进制（Octal）：0～7，满 8 进 1，以数字 0 开头。

十六进制（Hex）：0～9 及 A～F，满 16 进 1，以 0x 或 0X 开头。此处的 A～F 不区分大小写。

浮点数类型的浮点数由整数部分和小数部分组成。浮点数存储的不精确性使得使用浮点数进行计算可能会出现小数位数不确定的情况。例如：

```
print(1.1+2.2)      #3.300000000000003
print(1.1+2.1)      #3.2
```

解决方案是导入模块 decimal：

```
from decimal import Decimal
print(Decimal('1.1')+Decimal('2.2') )  #3.3
```

布尔类型用来表示真假，其中，True 表示真，False 表示假。布尔值可以转化为整数：True→1、False→0。

字符串类型的字符串又被称为不可变的字符序列。可以使用单引号''、双引号""、三引号''' '''或""" """来定义，但是由单引号和双引号定义的字符串必须在一行，由三引号定义的字符串可以分布在连续的多行中。举例如下：

```
str1='欢迎使用 Python'
```

```
str2="欢迎使用 Python"
str3="""欢迎使用 Python"""
str4='''欢迎使用
Python'''
print(str1,str2,str3,str4)
```

运行结果如下：

欢迎使用 Python 欢迎使用 Python 欢迎使用 Python 欢迎使用 Python

3. 注释

注释是在代码中对代码的功能进行解释说明的标注性文字，可以提高代码的可读性。注释的内容会被 Python 解释器忽略。通常包括以下 3 种类型的注释。

（1）单行注释，以"#"开头，直到换行结束。

（2）多行注释，并没有单独的多行注释标记，而是将一对三引号之间的代码称为多行注释。

（3）中文编码声明注释，在文件开头加上中文编码声明注释，用以指定源码文件的编码格式，如#coding:gbk。

2.1.4　运算符

运算符有以下几种：算术运算符、赋值运算符、比较运算符、布尔运算符、位运算符。

1. 算术运算符

Python 中的算术运算符用于执行基本的数学运算，如加、减、乘、除和求余等。算术运算符如图 2.3 所示。

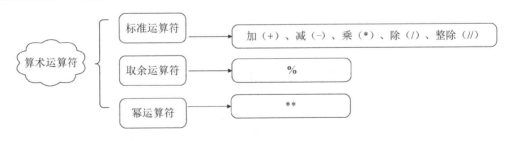

图 2.3　算术运算符

2. 赋值运算符

在 Python 中，赋值运算符是对已存在的变量重新设置新值的运算符。赋值运算符如图 2.4 所示。

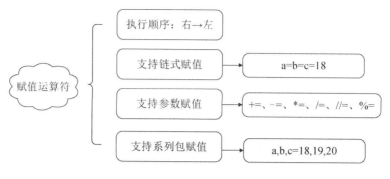

图 2.4   赋值运算符

3.比较运算符

比较运算符用于对变量或表达式的结果进行大小、真假等比较。比较运算符如图 2.5 所示。

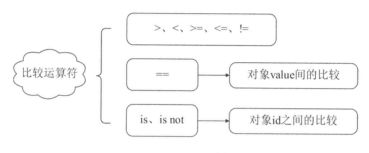

图 2.5   比较运算符

4.布尔运算符

对于布尔值,主要进行逻辑与、逻辑或、逻辑非等运算。布尔运算符如图 2.6 所示。

图 2.6   布尔运算符

5.位运算符

位运算符用于将数据转换成二进制数据进行计算,主要有按位与运算、按位或运算、按位异或运算等位运算符。位运算符如图 2.7 所示。

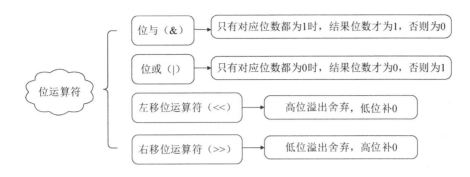

图 2.7　位运算符

运算符的优先级：算术运算符>位运算符>比较运算符>布尔运算符>赋值运算符。

示例代码如下：

```
'''运算符的优先级'''
a = 20
b = 10
c = 15
d = 5
e = 0
e = (a + b) * c / d      # ( 30 * 15 ) / 5
print ("(a + b) * c / d的运算结果：", e)
e = ((a + b) * c) / d    # ( 30 * 15 ) / 5
print ("((a + b) * c) / d的运算结果：", e)
e = (a + b) * (c / d);   # ( 30 ) * ( 15 / 5 )
print ("(a + b) * (c / d)的运算结果：", e)
e = a + (b * c) / d;     # 20 + ( 150 / 5 )
print ("a + (b * c) / d的运算结果：", e)
```

以上示例的输出结果如下：

```
(a + b) * c / d的运算结果：  90.0
((a + b) * c) / d的运算结果：  90.0
(a + b) * (c / d)的运算结果：  90.0
a + (b * c) / d的运算结果：  50.0
```

2.2　基本程序设计方法

本节学习 Python 中的函数、分支结构和循环的基本概念与用法，探讨如何创建和调用函数，如何使用条件语句和循环语句来实现不同的程序逻辑，以及如何通过这些工具来解决各种实际问题。

2.2.1 函数

函数是一段执行特定任务和完成特定功能的代码。函数的使用有助于代码复用、隐藏实现细节、提高可维护性、提高可读性和便于调试。

1. 函数的创建和调用

函数的创建代码如下：

```
'''函数的创建'''
def calc(a,b):
    c=a+b
    return c
```

函数的调用代码如下：

```
#函数的调用（函数名([实际参数]))
result=calc(10,20)
print(result)
```

函数调用过程如图 2.8 所示。

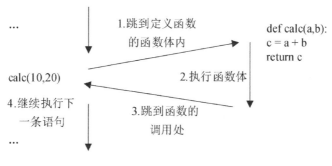

图 2.8　函数调用过程

2. 函数调用的参数传递

位置实参：根据形参对应的位置进行实参传递。位置实参的传递过程如图 2.9 所示。

关键字实参：根据形参名称进行实参传递。关键字实参的传递过程如图 2.10 所示。

图 2.9　位置实参的传递过程　　图 2.10　关键字实参的传递过程

函数的参数传递代码如下：

```python
'''函数的参数传递'''
def fun(arg1,arg2):
    print('arg1',arg1)
    print('arg2',arg2)
    arg1=100
    arg2.append(10)
    print('arg1',arg1)
    print('arg2',arg2)
n1=11
n2=[22,33,44]
print(n1)
print(n2)
print('----------')
fun(n1,n2)
print(n1)
print(n2)
```

运行结果如下：

```
11
[22, 33, 44]
----------
arg1 11
arg2 [22, 33, 44]
arg1 100
arg2 [22, 33, 44, 10]
11
[22, 33, 44, 10]
```

3. 函数的返回值

函数可以返回多个值，此时以元组的形式返回：

```python
'''函数的返回值'''
def fun(num):
    odd=[]
    even=[]
    for i in num:
        if i%2:
            odd.append(i)
        else:
            even.append(i)
    return odd,even
lst=[10,29,34,23,44,53,55]
print(fun(lst))
```

运行结果如下：

```
([29,23,53,55],[10,34,44])
```

函数的返回值有以下 3 种情况。

（1）函数没有返回值（函数执行完后，不需要给调用处提供数据）。

（2）函数的返回值有 1 个，直接返回原类型。

（3）函数的返回值有多个，返回的结果是元组的形式。

4. 函数的参数定义

函数定义默认值参数：在创建函数时，给形参设置默认值，只有在实参的格式或大小与默认值不符时才需要传递实参。

```
'''函数的参数定义'''
def fun(a,b=10):
    print(a,b)
fun(100)          #只传递一个参数，b 采用默认值
fun(20,30)        #用 30 替换默认值 10
```

在创建函数时，是否需要有返回值需要视情况而定。

（1）个数可变的位置形参：在创建函数时，可能无法事先确定传递的位置实参的个数，此时使用可变的位置形参，结果为一个元组。

```
#个数可变的位置形参
def fun(*args):
    print(args)
fun(10)
fun(10,20,30)
```

运行结果如下：

```
(10)
(10,20,30)
```

（2）个数可变的关键字形参：在创建函数时，若无法事先确定传递的关键字实参的个数，则使用可变的关键字形参，其结果为一个字典。

```
#个数可变的关键字形参
def fun(**args):
    print(args)
fun(a=10)
fun(a=10,b=20,c=30)
```

运行结果如下：

```
{'a':10}
{'a':10, 'b':20, 'c':30}
```

个数可变的关键字形参、个数可变的位置形参在定义时只能有一个，否则会报错。

5. 变量的作用域

变量的作用域是程序代码能访问该变量的区域。变量根据其有效范围可分为以下两种。

（1）局部变量：在函数内定义的变量，只在函数内有效。当局部变量使用 global 声明时，这个变量就会成为全局变量。

（2）全局变量：在函数体外定义的变量，可作用于函数内外。

2.2.2　分支结构

具有选择结构的程序根据判断条件的布尔值选择性地执行部分代码，明确地让计算机知道在什么条件下该做什么。

1. 单分支结构

单分支结构是一种在程序中根据一个条件的真假来选择是否执行代码块的控制结构。单分支结构的执行流程如图 2.11 所示。在 Python 中，单分支结构通常使用 if 关键字来实现。单分支结构的语法结构如下：

```
if 条件表达式
    条件执行体
```

2. 双分支结构

双分支结构是一种在程序中根据一个条件的真假来选择性地执行两个不同代码块的控制结构。双分支结构的执行流程如图 2.12 所示。在 Python 中，双分支结构通常使用 if 和 else 关键字来实现。双分支结构的语法结构如下：

```
if 条件表达式:
    条件执行体 1
else:
    条件执行体 2
```

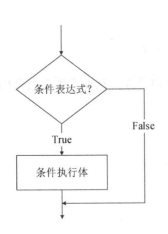

图 2.11　单分支结构的执行流程

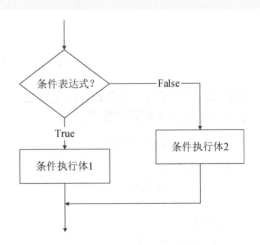

图 2.12　双分支结构的执行流程

3. 多分支结构

多分支结构是一种在程序中根据多个不同条件的真假来选择性地执行不同代码块的控制结构。多分支结构的执行流程如图 2.13 所示。在 Python 中，多分支结构通常使用 if、elif（else if 的缩写）和 else 关键字来实现。多分支结构的语法结构如下：

```
if 条件表达式 1 :
    条件执行体 1
else if 条件表达式 2 :
    条件执行体 2
    ：
else if 条件表达式 N:
    条件执行体 N
else:
    条件执行体 N+1
```

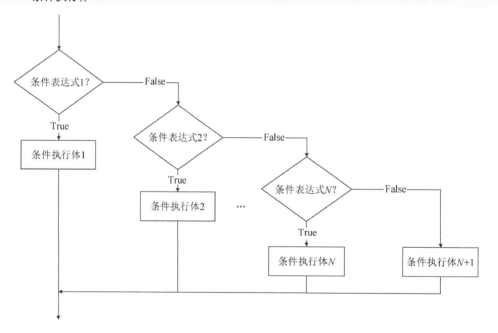

图 2.13　多分支结构的执行流程

嵌套 if 结构可以在某个条件满足时进一步判断其他条件，从而实现更复杂的逻辑控制。嵌套 if 结构的执行流程如图 2.14 所示。

嵌套 if 结构的语法结构如下：

```
if 条件表达式 1:
    if 内层条件表达式
        内层条件执行体 1
    else:
        内层条件执行体 2
```

```
else:
    条件执行体
```

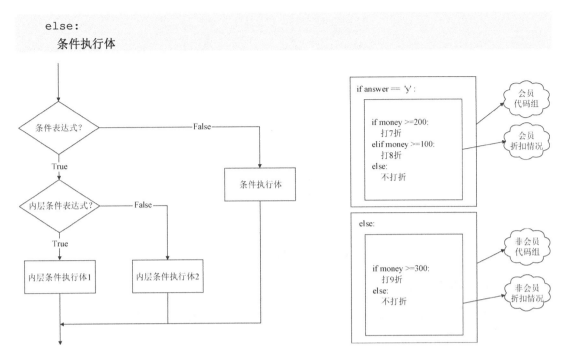

图 2.14　嵌套 if 结构的执行流程

2.2.3　循环

在 Python 中，循环是一种重要的控制结构，用于重复执行一段代码，直到满足某个条件。Python 中有两种循环语句：while 循环和 for-in 循环。while 循环根据一个布尔表达式来判断是否继续执行循环体，只要表达式为真，就会重复执行循环体。for-in 循环可以遍历任何可迭代的对象，如列表、字符串、元组等，每次取出一个元素并执行相应的操作。循环语句可以嵌套使用，也可以用 break、continue 和 pass 来控制循环的流程。循环是 Python 编程中常用的一种技巧，可以简化代码，提高效率。

1．while 循环

while 循环是一种循环控制结构，用于在满足某个条件的情况下重复执行一段代码。while 循环的基本语法如下：

```
while 条件表达式：
    循环体
```

while 循环的执行流程如图 2.15 所示。

（1）判断条件表达式的值是否为真（非零或非空）。

（2）如果为真，就执行循环体语句，并回到步骤（1）继续判断条件表达式的值是否为真。

（3）如果为假，就跳出循环，执行循环体后面的语句。

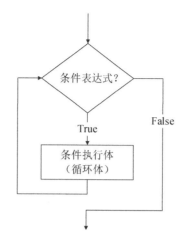

图 2.15 while 循环的执行流程

while 循环的特点如下。

（1）循环次数由条件表达式决定，可能不执行，也可能执行无限次。

（2）循环条件在每次循环开始之前进行判断，只有满足循环条件才会进入循环。

（3）循环体语句可以是单个语句，也可以是多个语句组成的代码块。

求 1 到 10 之和并输出的实例代码如下：

```
#求 1 到 10 之和并输出
sum=0
a=1
while a<=10:
    sum+=a
    a+=1
print('和为',sum)
```

2. for-in 循环

for-in 循环是一种在 Python 中遍历可迭代对象的元素的常用方法。可迭代对象可以是列表、元组、字典、集合或字符串等。for-in 循环的基本语法如下：

```
for 变量 in 可迭代对象:
    循环体
```

其中，变量是存储每次迭代的元素的名称，可迭代对象是要遍历的对象，循环体是要重复执行的代码块。

for-in 循环的执行流程如图 2.16 所示。

求 1 到 100 之间偶数和的代码如下：

```
sum=0
for item in range(1,101):
    if item%2==0:
```

```
    sum+=item
print('1 到 100 之间的偶数和为:',sum)
```

运行结果如下:

```
1 到 100 之间的偶数和为: 2550
```

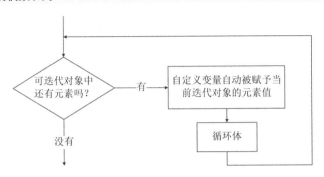

图 2.16　for-in 循环的执行流程

3. break、continue 与 pass 循环控制语句

break 语句用于结束循环,通常与单分支结构 if 一起使用。

break 语句的执行流程如图 2.17 所示。

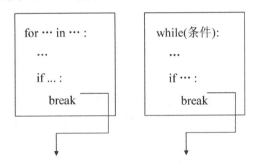

图 2.17　break 语句的执行流程

通过键盘最多输入 3 次密码的实例代码如下:

```
for item in range(3):
    pwd=input('请输入密码:')
    if pwd=='8888':
        print('密码正确')
        break
    else:
        print('密码不正确')
```

continue 语句用于结束当前循环,进入下一次循环,通常与单分支结构 if 一起使用。

continue 语句的执行流程如图 2.18 所示。

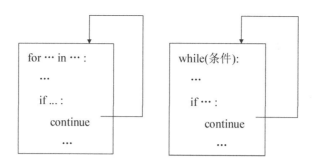

图 2.18　continue 语句的执行流程

求 1 到 51 中 5 的倍数并输出的实例代码如下：

```python
print('**************使用 continue 语句来解决这个问题***********')
for item in range(1, 51):
    if item % 5 != 0:
        continue
    print(item)
```

pass 语句用来占位，不执行任何操作，通常用在需要定义一个空的代码块的情况下，避免语法错误。

定义一个空的函数，不做任何操作的示例代码如下：

```python
def foo():
  pass
```

4. 嵌套循环

嵌套循环就是在一个循环体内部包含另一个循环体，可以是同类型的循环，也可以是不同类型的循环。嵌套循环的作用是可以实现多重循环，如遍历二维数组、打印九九乘法表等。

打印九九乘法表的实例代码如下：

```python
for i in range(1,10):
    for j in range(1,i+1):
        print(i,'*',j,'=',i*j,end='\t')
    print()
```

通过对基本程序设计方法的学习，使用者可以更好地学习 Python 语言。

2.3　编程进阶

前面学习了 Python 的基础语法和基本程序设计方法，了解了 Python 中的输入/输出函数、标识符和关键字、数据类型与运算符等，掌握了基本程序设计方法中的函数、分支结构与循环结构。而程序往往需要处理海量数据，这些海量数据的结构复杂、类型丰富。本节对列表、字典与文件操作进行学习，从而掌握Python进阶所需的数据存储类型与文件操作方法。

2.3.1　列表

Python 中的列表是一种数据结构，可以存储多个值，这些值可以是不同的数据类型。列表是有序的，每个值都有一个固定的位置，称之为索引。列表中的每个元素都有一个索引，从 0 开始。可以对列表进行切片、添加、删除、排序等操作。列表是 Python 中最常用的数据类型之一。

1．列表的基本概念

列表使用方括号[]来表示，列表中的元素用逗号分隔。例如，list1 = [1, 2, 3, 'a', 'b', 'c']是一个包含 6 个元素的列表，其中，前 3 个元素是整数，后 3 个元素是字符串。

列表的优点如下。

（1）列表可以通过索引访问、修改和删除其中的元素，也可以使用切片操作获取其子集。

（2）列表可以使用+和*运算符进行连接与重复操作，也可以使用 in 运算符检查元素是否存在于列表中。

（3）列表有很多内置的方法，如append()、insert()、remove()、pop()、sort()、reverse()等，可以方便地对列表进行增加、删除、修改、查找和排序等操作。

（4）列表可以作为函数的参数或返回值，也可以作为元组的元素或字典中的值。

列表的缺点如下。

（1）列表占用的内存空间较大，因为每个元素都需要额外的空间来存储引用信息。

（2）列表的修改操作会影响列表中其他元素的位置，可能导致程序性能下降或逻辑错误。

（3）列表不支持哈希运算，不能作为字典中的键或集合的元素。

因此，列表适用于存储需要频繁修改和访问的有序数据，但不适用于存储不可变或唯一的数据。

2．列表的基本操作

列表是可变的，其中的元素可以随时改变，这使得列表非常灵活和方便。列表有很多操作方法，可以对列表元素进行获取、增加、删除、修改、排序、反转、索引、切片等操作。

（1）获取列表中元素的索引。

要获取列表中指定元素的索引，可以使用列表的 index()方法。index()方法接收一个参数，即要查找的元素，返回该元素在列表中第一次出现的位置。如果列表中不存在该元素，那么 index()方法会抛出一个 ValueError 异常。例如：

```
'''获取列表元素'''
lst=['Hello','world',98,'hello']
print(lst.index('hello'))# 如果列表中有相同的元素，就只返回其中第一个元素的索引
print(lst.index('Python'))#ValueError:'Python' is not in list
print(lst.index('hello',1,3))# ValueError:'hello', is not in list  'world', 98
print(lst.index('hello',1,4))#3
```

（2）列表的查询操作。

列表的查询操作是指根据一定的条件，从列表中查找出符合条件的元素或元素的位置。Python 提供了以下几种列表的查询操作。

① 使用 in 或 not in 运算符判断一个元素是否在列表中，返回 True 或 False。

② 使用 count()方法统计一个元素在列表中出现的次数，返回一个整数。

③ 使用 index()方法查找一个元素在列表中第一次出现的位置，返回一个整数。如果该元素不存在于列表中，则抛出 ValueError 异常。

④ 使用 find()方法查找一个子列表在列表中第一次出现的位置，返回一个整数。如果该子列表不存在于列表中，则返回-1。

举例：

```
#判断指定元素在列表中是否存在
lst=[10,20,'python','hello']
print(10 in lst)
print(100 in lst)
print(100 not in lst)
#列表元素的遍历
for item in lst:
    print(item)
```

（3）列表元素的增加、删除、修改操作。

增加元素：可以使用 append()方法在列表的末尾添加一个元素，或者使用 insert()方法在指定位置插入一个元素。例如：

```
# 在列表的末尾添加一个元素
lst=[10,20,30]
print('添加元素之前',lst,id(lst))
lst.append(100)
print('添加元素之后',lst,id(lst))
lst2=['hello','world']
lst.insert(4,lst2)
print('将 lst2 列表添加到 lst 列表中索引为 4 的位置',lst,id(lst))
```

删除元素：可以使用 remove()方法删除列表中的指定元素；或者使用 pop()方法删除列表中指定位置的元素，如果不指定位置，则默认删除最后一个元素。例如：

```
#列表元素的删除操作
lst=[10,20,30,40,50,60,30]
lst.remove(30)
# 从列表中删除一个元素，如果有重复元素，则只删除第一个元素
print(lst)
#根据索引删除元素
lst.pop(1)
print(lst)
```

修改元素：可以直接通过索引访问列表中的元素，并赋予其新值，从而进行修改。例如：

```
'''列表元素的修改操作'''
lst=[10,20,30,40]
#一次修改一个值
lst[2]=100
print(lst)
lst[1:3]=[300,400,500,600]
print(lst)
```

（4）列表元素的排序。

列表元素的排序可以提高数据的可读性和可处理性，也可以为其他操作提供基础。列表元素的排序操作有以下两种常见的方式。

方式 1：调用 sort()方法将列表中的所有元素默认按照从小到大的顺序（升序排序）排序，可以指定 reverse=True，表示降序排序。例如：

```
'''列表元素的排序操作-方式 1'''
lst=[20,40,10,98,54]
print('排序前的列表',lst,id(lst))
#开始排序，调用列表对象的 sort()方法，升序排序
lst.sort()
print('排序后的列表',lst,id(lst))
#通过指定关键字参数对列表中的元素进行降序排序
lst.sort(reverse=True)
# reverse=True 表示降序排序，reverse=False 表示升序排序
print(lst)
lst.sort(reverse=False)
print(lst)
```

方式 2：调用内置函数 sorted()，可以指定 reverse=True，表示降序排序，原列表不发生改变，产生一个新的列表。例如：

```
'''列表元素的排序操作-方式 2'''
print('-------使用内置函数 sorted()对列表进行排序，将产生一个新的列表----')
lst=[20,40,10,98.54]
print('原列表 lst')    # 开始排序
```

```
new_list=sorted(lst)
print(lst)
print(new_list)
# 指定关键字参数，实现列表元素的降序排序
desc_list=sorted(lst,reverse=True)
print(desc_list)
```

3. 列表推导式

列表推导式是一种在 Python 中创建列表的简捷而高效的方法，可以用来对一个可迭代对象中的元素进行过滤或变换，从而生成一个新的列表。列表推导式的语法如下：

```
[表达式 for 变量 in 可迭代对象 if 条件]
```

其中，表达式用来计算新的列表中的元素；变量用来遍历可迭代对象；可迭代对象是任何可以用 for 循环遍历的对象，如列表、元组、字符串、字典等；条件用来筛选符合要求的元素，可以省略。例如，创建一个包含 1 到 10 的平方数的列表，可以使用列表推导式：

```
squares = [x**2 for x in range(1, 11)]
print(squares)           # 输出结果为[1, 4, 9, 16, 25, 36, 49, 64, 81, 100]
```

创建一个包含 1 到 10 的偶数平方数的列表，可以添加一个条件：

```
even_squares = [x**2 for x in range(1, 11) if x % 2 == 0]
print(even_squares)        # 输出结果为[4, 16, 36, 64, 100]
```

列表推导式可以嵌套使用，即在表达式中再使用一个列表推导式。例如，想要创建一个包含两个列表中所有可能的组合的列表，可以使用嵌套的列表推导式：

```
a = [1, 2, 3]
b = [4, 5, 6]
c = [(x, y) for x in a for y in b]
print(c)
# 输出结果为[(1, 4), (1, 5), (1, 6), (2, 4), (2, 5), (2, 6), (3, 4), (3, 5), (3, 6)]
```

列表推导式是一种非常有用的功能，可以用更少的代码实现更多的功能，可提高代码的可读性和执行效率。但是，也要注意不要过度使用或滥用列表推导式，否则可能会导致代码难以理解或维护。一般来说，如果一个列表推导式太复杂或太长，则应考虑使用普通的 for 循环或函数。

2.3.2 字典

字典是 Python 中的一种内置数据结构，以键值对的形式存储数据。字典是一种可变的、无序的序列，其键必须是不可变类型，如字符串、数字或元组等不可变对象；其值可以是任何对象，包括列表和其他字典。

1. 字典的基本概念

字典中的每个元素都由一个键和一个值组成，键和值之间用冒号分隔，每个键值对之间用逗号分隔，整个字典用花括号{}括起来。字典的存储方式如图 2.19 所示。

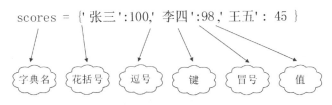

图 2.19　字典的存储方式

在字典中，键必须是唯一的，而值则可以重复。

字典的实现原理与查字典类似，查字典时根据部首或拼音查找相应的页码，Python 中的字典根据键（key）查找值（value）所在的位置，具体查找过程如图 2.20 所示。

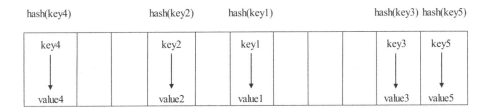

图 2.20　字典的具体查找过程

2. 字典的创建

在 Python 中，可以使用花括号{}或 dict()函数创建一个字典对象：

```
scores={'张三: 100','李四:98','王五: 45'}
print(scores)
dict(name='Jack',age=20)
```

3. 字典的查询操作

在 Python 中，可以通过键或 get()方法获取字典中的元素，如图 2.21 所示。

图 2.21　获取字典中的元素的方式

通过键或 get()方法获取字典中的元素的代码如下：

```
'''获取字典中的元素'''
```

```
scores={'张三':100,'李四':98,'王五':45}
'''第一种方式：使用键'''
print(scores['张三'])
print(scores['陈六'])# KeyError:'陈六'
'''第二种方式：使用 get()方法'''
print(scores.get('张三'))
print(scores.get('陈六'))# None
```

在使用[]方式取值时，如果访问的键不存在于字典中，则会抛出 KeyError 异常，可以使用 get()方法来避免这种情况。get()方法接收两个参数，第一个参数为键；第二个参数为可选参数（默认为 None），表示在键不存在时返回的默认值。

4. 字典元素的增加、删除、修改操作

在 Python 中，可以使用 in 或 not in 关键字来判断一个键是否存在或不存在于字典中。若满足条件，则返回 True，否则返回 False，如图 2.22 所示。

图 2.22　字典中键的判断

字典元素的删除：

```
#字典元素的删除
del scores['张三']
```

字典元素的增加：

```
#字典元素的增加
scores['Jack']=90
```

图 2.23 展示了获取字典视图的 3 个方法。

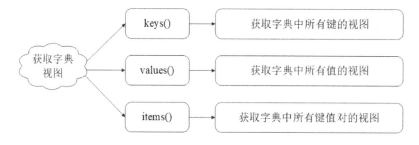

图 2.23　获取字典视图的 3 个方法

其中，获取字典中所有的键值对的示例代码如下：

```
#获取字典中所有的键值对
```

```
items=scores.items()
print(items)
print(list(items))          # 转换之后的列表元素是由元组组成的
```

字典元素的遍历：

```
#字典元素的遍历
for item in items:
    print(item)
```

5. 字典推导式

字典的特点如下。

（1）字典中的所有元素都是一个键值对，键不允许重复，值可以重复。

（2）字典中的元素是无序的。

（3）字典中的键必须是不可变对象。

（4）字典也可以根据需要动态伸缩。

（5）字典会浪费较大的内存空间，是一种使用空间换时间的数据结构。

字典的生成式如图 2.24 所示。

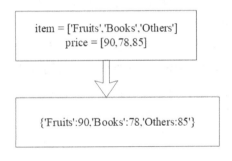

图 2.24　字典的生成式

内置函数 zip()用于将可迭代对象作为参数，将对象中对应的元素打包成一个元组并返回由这些元组组成的列表：

```
'''字典推导式'''
items=['Fruits','Books', 'Others']
prices=[96,78,85,100,120]
d={item.upper():price for item,price in zip(items,prices)}
print(d)
```

2.3.3　文件操作

1. Python 中的文件对象

文件对象不仅可以访问普通的磁盘文件，还可以访问任何其他类型抽象层面的"文件"。一旦设置了合适的"钩子",用户就可以访问具有文件类型接口的其他对象,就好像访问的是普通文件一样。

文件内建函数:

```
open('filename')
with open('filename') as f:
    pass
```

open()函数使用一个文件名作为唯一的强制参数,返回一个文件对象;模式和缓冲参数都是可选的,默认以只读模式打开文件;使用 with,即使发生错误也可以关闭文件。

open()和 file()具有相同的功能,可以互相替换。建议使用 open()函数来读/写文件,在处理文件对象时使用 file() 函数。open() 函数成功执行并返回一个文件对象后,所有对该文件的后续操作都将通过这个"句柄"来进行。

2. 文件对象的访问模式

在 Python 中,可以通过打开文件来创建文件对象,文件对象可以用于读取、写入或追加文件中的内容。在打开文件时,需要指定文件对象的访问模式,以指定文件用于读取还是写入等操作。下面是常用的文件对象的访问模式。

'r':只读模式,打开文件后,只能读取文件内容,不能进行写入操作,如果文件不存在,则会抛出 FileNotFoundError 异常。

'w':写入模式,打开文件后,可以进行写入操作,如果文件不存在,则会创建一个新的文件;如果文件已经存在,则会先清空文件内容,再写入新的内容。

'a':追加模式,打开文件后,可以进行追加操作,如果文件不存在,则会创建一个新的文件;如果文件已经存在,则会在文件末尾添加新的内容。

'x':独占模式,打开文件时,如果文件已经存在,则会抛出 FileExistsError 异常;如果文件不存在,则会创建一个新的文件,并以写入模式打开。

'b':二进制模式,用于处理二进制文件,如图片、视频等。

在打开文件时,可以通过在访问模式后面添加一个加号来表示同时支持读和写操作。例如,'r+'表示读/写模式,可以同时读取文件内容和写入新的内容,如果文件不存在,则会抛出 FileNotFoundError 异常;如果文件存在,则读/写操作会从文件开头处开始。'w+'和'a+'也可以用于进行读/写操作。

下面是一些打开文件的例子:

```
f = open('/etc/motd')        # 以只读模式打开文件
f = open('test', 'w')        # 以写入模式打开文件
f = open('data', 'r+')       # 以读/写模式打开文件
f = open('io.sys', 'rb')     # 以二进制只读模式打开文件
```

3. 文件方法

read()方法可以直接读取字节到字符串中,最多读取给定数目的字节。如果没有给定

size 参数（默认值为-1）或 size 值为负，那么文件将被读取直至末尾：

```
f=open('test','r+')
f1=f.read()
f.close()
print(f1)
```

运行结果如下：

```
'hello world'
```

指定 size 参数：

```
f=open('test','r+')
f1=f.read(5)
f.close()
print(f1)
```

运行结果如下：

```
'hell
```

readline()方法用于读取所打开文件的一行内容（读取下一个行结束符之前的所有字节），以整行内容和行结束符作为字符串返回。与 read()方法相同，它也有一个可选的 size 参数，默认值也为-1，代表读至行结束符，如果提供了该参数，那么整行内容在超过 size 字节后会返回不完整的行。

```
f=open('test','r+')
f1=f.readline()
f.close()
print(f1)
```

运行结果如下：

```
'hello world'
```

readlines()方法并不像其他两个输入方法一样返回一个字符串，它会读取所有（剩余的）行并把它们作为一个字符串列表返回。可选参数 sizhint 代表返回的最大字节数，如果其值大于 0，那么返回的所有行应该大约有 sizhint（可能稍微大于这个数字，因为需要凑齐缓冲区大小）字节。

write()内建方法的功能与 read()和 readline()方法的功能相反，它把含有文本数据或二进制数据块的字符串写入文件。

```
f=open('test','r+')
f.write('alex123 \n')
for i in f:
    print(i)
f.close()
```

运行结果如下：

```
alex123
```

4. 文件内移动

seek()方法可以在文件中移动文件指针到不同的位置，其中的 offset 字段代表相对于某位置的偏移量，位置的默认值为 0，代表从文件开头处算起（绝对偏移量），1 代表从当前位置算起，2 代表从文件末尾算起。

```
f=open('test','r+')
f1=f.seek(5)
line=f.readlines()
print(line)
f.close()
```

运行结果如下：

```
['23\n','alex123\n']
```

truncate()方法接收一个可选的 size 作为参数，如果给定 size 参数，那么文件将被截取到最多 size 字节处；如果没有给定 size 参数，那么默认将截取到文件的当前位置。

```
f=open('test','r+')
f1=f.truncate(5)
line=f.readlines()
print(line)
f.close()
```

运行结果如下：

```
alex1
```

5. 其他

close()方法用于关闭文件来结束对它的访问。如果用户不显式地关闭文件，那么可能丢失输出缓冲区的数据。

fileno()方法用于返回打开文件的描述符。这是一个整数，可以用在诸如 os 模块（os.read()）的一些底层操作上。

flush()方法用于刷新文件内部缓冲区，直接把内部缓冲区中的数据立刻写入文件，而不是被动地等待输出缓冲区写入。

6. 文件系统的访问

对文件系统的访问大多通过 Python 的 os 模块实现，该模块是 Python 访问操作系统功能的主要接口。

2.4 本章小结

本章对 Python 基础语法进行了详细的介绍，包括输入/输出函数、标识符、关键字、变量、数据类型、注释、运算符；基本程序设计方法，如封装各类功能的函数、根据条件判断执行不同功能的分支结构及高效重复执行的循环等；常见的数据类型，围绕对列表、字典的操作展开。同时，为方便后续机器学习算法和深度学习网络实战案例的开展，本章还介绍了有关文件的相关操作。至此，环境搭建和 Python 语言的学习阶段已经完成，接下来将进入机器学习的学习中。

2.5　本章习题

一、选择题

习题解析

1. 下列标识符命名中，符合规范的是（　　）。

　　A．1_a　　　　　　B．for　　　　　　C．年龄　　　　　　D．a#b

2. 下列标识符中，不是 Python 支持的数据类型的是（　　）。

　　A．char　　　　　B．int　　　　　　C．float　　　　　D．str

3. 下列选项中，不是 Python 关键字的是（　　）。

　　A．with　　　　　B．int　　　　　　C．del　　　　　　D．for

4. 表达式 3 and 4 的结果为（　　）。

　　A．3　　　　　　B．4　　　　　　　C．True　　　　　D．False

5. 表达式 eval("500/10") 的结果为（　　）。

　　A．"500/10"　　　B．500/10　　　　C．50　　　　　　D．50.0

6. 已知 a = "abcdefg"，a[2:4] 的值为（　　）。

　　A．bc　　　　　　B．bcd　　　　　　C．cd　　　　　　D．cde

7. 如果需要对字符串进行分割，则需要使用的方法是（　　）。

　　A．split()　　　　B．strip()　　　　C．join()　　　　D．len()

8. 如果希望退出循环，则可使用下列哪个关键字？（　　）

　　A．continue　　　B．pass　　　　　C．break　　　　　D．exit

9. 已知 a = [1, 2, 3, 4, 5]，下列选项中能访问元素 3 的是（　　）。

　　A．a[3]　　　　　B．a[-3]　　　　　C．a[2]　　　　　D．a[-2]

10. 已知 a = [i*i for i in range(10)]，a[3] 的值为（　　）。

　　A．3　　　　　　B．4　　　　　　　C．9　　　　　　D．16

二、编程题

1. 编程实现：让用户输入一个整数 n，打印输出 n 以内的全部大于 0 的偶数（不包含 n）。

2. 编程实现：使用循环输出 1,2,3,4,5,7,8,9,11,12。

3. 编程实现：让用户输入 3 个整数，打印输出最大的和最小的整数。

第二部分　机器学习

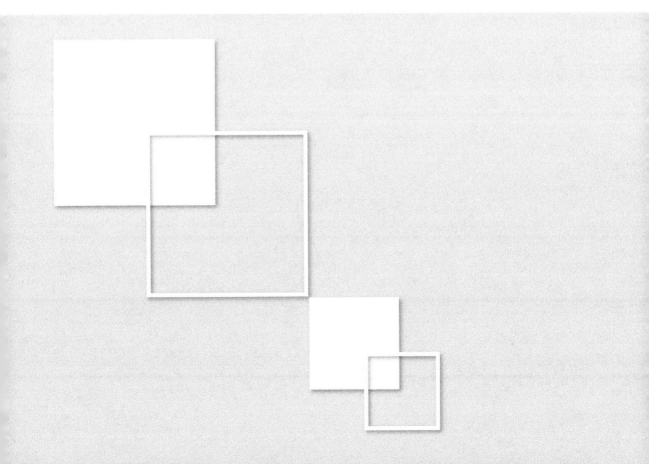

第 *3* 章

机器学习基础

▌学而思行

正如荀子所说，"骐骥一跃，不能十步；驽马十驾，功在不舍"，技术的进步离不开深入的学习和不懈的努力。而在人类社会的发展历程中，技术进步始终是推动社会进步的重要力量。机器学习作为人工智能领域的重要分支，利用统计学和计算机科学的方法，通过训练模型，计算机能够自动地改进和优化自身的性能，而无须人为编程。

机器学习基础的学习过程需要读者掌握大量的数学基础知识，如线性代数、概率论和统计学等，这些知识是理解机器学习算法和模型的基础。然而，仅仅掌握这些知识是远远不够的，还需要具备批判性思维和创新精神，能够独立思考并解决问题。学习机器学习的内容是一个漫长而复杂的过程，需要不断地推敲与反思。并且，只有将所学知识与实践相结合，才能真正掌握机器学习的精髓，实现个人和社会的共同进步。

本章主要对机器学习进行讲解，主要内容包括机器学习的基本概念、三要素及评估方法。本章内容是后续机器学习相关算法的基础，需要重点掌握。

3.1 基本概念

通俗地讲，机器学习（Machine Learning，ML）就是让计算机从数据中自动学习，从而得到某种知识（或规律）。作为一门学科，机器学习通常指一类问题，以及解决这类问题的方法，即如何从观测数据（样本）中寻找规律，并利用学习到的规律（模型）对未知或无法观测的数据进行预测。在早期的工程领域中，机器学习也经常被称为模式识别（Pattern Recognition，PR），但模式识别更偏向于具体的应用任务，如光学字符识别、语音识别、人脸识别等。这些任务的特点是，对人类而言，这些任务很容易完成，但人们不知道自己是如何做到的，因此很难人工设计一个计算机程序来完成这些任务。一种可行的方法是设计一个算法，可以让计算机自己从有标注的样本中学习规律，并用来完成各种识别任务。随着机器学习技术的应用越来越广，现在机器学习的概念逐渐替代模式识别，成为这类问题及其解决方法的统称。

3.2 机器学习的三要素

数据在机器学习方法框架的流动过程中，会按顺序经历 3 个过程，分别对应机器学习的三要素：模型、学习策略、优化准则。

3.2.1 模型

模型的实质是一个假设空间（Hypothesis Space），该假设空间是从输入空间到输出空间的所有映射的一个集合，该假设空间的假设属于先验知识。

1. 线性模型和非线性模型

线性模型的假设空间为一个参数化的线性函数族，即

$$f(x;\theta) = w^{\mathrm{T}}x + b \tag{3.1}$$

其中，θ 包含了权重向量 w 和偏置 b。

广义的非线性模型可以写为多个非线性基函数的线性组合：

$$f(x;\theta) = w^{\mathrm{T}}\phi(x) + b \tag{3.2}$$

其中，$\phi(x) = [\phi_1(x), \phi_2(x), \cdots, \phi_K(x)]$ 为由 K 个非线性基函数组成的向量；θ 包含了权重向量 w 和偏置 b。

如果 $\phi(x)$ 本身为可学习的基函数，如 $\phi(x) = \left(hw_k^{\mathrm{T}}\phi'(x) + b_k\right)$，$\forall 1 \leqslant k \leqslant K$，其中，$h(\bullet)$ 为非线性函数，$\phi'(x)$ 为另一组基函数，w_k 和 b_k 为可学习的参数，则 $f(x;\theta)$ 等价于神经网络模型。

2. 判别模型和生成模型

一般来说，机器学习模型分为判别模型（Discriminative Model）和生成模型（Generative Model）两类。判别模型相对来说更常用，感知机（Perceptron）、逻辑回归（LR）、支持向量机（SVM）、神经网络（NN）、K 近邻（KNN）、线性判别分析（LDA）、Boosting、条件随机场（CRF）模型都属于判别模型。判别模型本身又分为以下两类。

（1）直接对从输入空间到输出空间的映射进行建模。

（2）分两步：先对条件概率 $P(y|x)$ 进行建模，再进行分类。

生成模型是一种更加间接的模型，高斯判别分析（GDA）、朴素贝叶斯（NB）、文档主题生成模型（与线性判别分析是完全不同的两个概念）、受限玻耳兹曼机（RBM）、隐

马尔可夫模型（HMM）都属于生成模型。生成模型的实现主要分为 3 步：先对联合概率 $P(x|y)$ 进行建模，再根据贝叶斯公式算出 $P(y|x)$，最后进行分类。

以上提到了很多种当前热门的机器学习模型，这在后面会进行详细介绍。判别模型和生成模型的差别就在于是否先对联合概率 $P(x|y)$ 进行建模。学术界对这两种模型各自都有不同的见解，主要是对于联合概率 $P(x|y)$ 应该直接建模还是间接建模有分歧。SVM 之父 Vapnik 认为对联合概率 $P(x|y)$ 进行建模作为生成模型的第一步没必要，直接对 $P(y|x)$ 进行建模即可。事实上，这是学术界的主流认识。而 Andrew Ng 为生成模型发声，他认为对 $P(x|y)$ 进行建模而达到判别的目的也有它自身的一些优势：虽然生成模型的渐进误差（Asymptotic Error）确实比判别模型的渐进误差大，但随着训练集（训练样本集）的增加，生成模型会比判别模型更快达到渐进误差（收敛速度更快）。

3.2.2　学习策略

在模型部分，机器学习的学习目标是获得假设空间（模型）的一个最优解，那么，如何评判模型优还是不优呢？学习策略部分就是评判"最优模型"（最优参数的模型）的准则或方法。

要了解机器学习的学习策略，关键要掌握 10 个名词：欠拟合（Underfitting）、过拟合（Overfitting）、经验风险（Empirical Risk）、经验风险最小化（Empirical Risk Minimization，ERM）、结构风险（Structural Risk）、结构风险最小化（Structural Risk Minimization，SRM）、损失函数（Loss Function）、代价函数（Cost Function）、目标函数（Object Function）、正则化（Regularization）。

为了理解这些名词，下面从一个例子开始讲解，如图 3.1 所示。

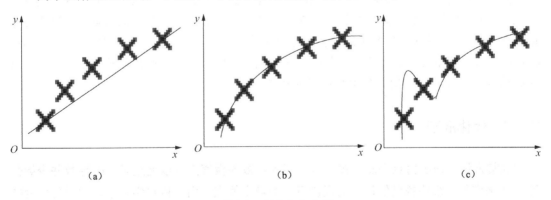

| (a) | (b) | (c) |

图 3.1　样本拟合曲线

在图 3.1 中，线是训练出的模型，叉是样本。可以看到，图 3.1（a）中的模型没有很好地拟合样本，这种情况就叫作欠拟合，即欠拟合在于无法很好地拟合当前训练样本。为了避免欠拟合，需要有一个标准来表示拟合的好坏，通常用一个函数来度量拟合的程度，如常见的平方损失函数（Square Loss Function）。以下是对某个样本的拟合程度进行度量的函数：

$$|y_i - f(x_i)|^2 \qquad (3.3)$$

上述函数就称为损失函数。损失函数越小，代表模型对某个样本拟合得越好。风险函数是损失函数的期望，这是由于输入/输出遵循一个联合分布，但是这个联合分布是未知的，因此无法计算。但由于有历史数据，即训练集，关于训练集的平均损失称为经验风险（Empirical Risk），因此常用经验风险替代期望风险，因为根据大数定理，当样本容量趋于无穷时，经验风险也就趋于期望风险。经验风险可表示为

$$\frac{\sum_{i=1}^{N} |y_i - f(x_i)|^2}{N} \qquad (3.4)$$

度量经验风险的函数称为代价函数。

到这一步再看图 3.1，其中图 3.1（c）中的模型的经验风险肯定是最小的，因为它对历史数据拟合得最好。但是从拟合曲线上来看，这种拟合是不好的，因为它过度学习历史数据，导致它在真正预测时的效果很不好。例如，若此时按照目前的趋势再有一堆新样本，则该模型就会失效，这种情况称为过拟合。为什么会产生这种结果呢？因为它的函数太过复杂。这就引出了下面的概念，不仅要让经验风险最小化，还要让结构风险最小化。此时，需要定义一个度量函数 $J(f)$，专门用来度量模型的复杂度，表示模型的结构风险，在机器学习中也叫正则化。常用的正则化方法有 L1 范数和 L2 范数。在机器学习中，正则化使用得极其广泛。到了这一步，就可以给出最终的优化函数：

$$\frac{\sum_{i=1}^{N} |y_i - f(x_i)|^2}{N} + [L_1 | L_2] \qquad (3.5)$$

式（3.5）就是经验风险和结构风险的度量函数，称为目标函数。此时再看图 3.1，图 3.1（a）中的模型的结构风险最小（模型结构最简单），但是其经验风险最大（对历史数据拟合得最差）；图 3.1（c）中的模型的经验风险最小（对历史数据完全拟合），但是其结构风险最大（模型结构最复杂）；图 3.1（b）中的模型达到了二者的良好平衡，即经验风险和结构风险最小化，最适合用来预测未知数据集。

3.2.3　优化准则

通常来说，最小值点必然是极值点，连续函数的极值点可以通过求一阶导数并令导数等于 0 来求得，最终找到值最小的极值点，即最小值点。而在机器学习中，由于目标函数的复杂性，普通解法在绝大多数情况下行不通，此时需要一些别的算法。机器学习求解目标函数常用的算法有最小二乘法、梯度下降法（迭代法的一种）。其中，最小二乘法针对线性模型；梯度下降法适用于任意模型，其使用最为广泛。

1. 最小二乘法

在一些最优化问题中，如曲线拟合，目标函数由若干函数的平方和构成，一般可以

写为

$$F(x) = \sum_{i=1}^{n} f_i^2(x) \tag{3.6}$$

把极小化 $F(x)$ 称为最小二乘问题，它分为线性最小二乘问题和非线性最小二乘问题。解决线性最小二乘问题最常用的方法就是最小二乘法。例如，对于坐标为 (x,y) 的 n 个样本，假设拟合直线为 $y = ax + b$，通过使

$$\sum_{i=1}^{n} (y_i - ax_i - b)^2 \tag{3.7}$$

最小，并对 a 和 b 分别求偏导数，得到 a 和 b 关于 n 个样本的表示，这种方法就叫作最小二乘法，这是一种基于高斯分布假设的回归方法。

2. 迭代法

迭代法有多种算法：机器学习中最常见的是梯度下降（Gradient Descent，GD）法和牛顿法（Newton's Method）。牛顿法又包括原始的牛顿法、高斯-牛顿法（Gauss-Newton Iteration Method，GN）、莱文贝格-马夸特（Levenberg-Marquardt，LM）法。在实际应用中，牛顿法通常只用于解决最小二乘问题。牛顿法包括 DFP 算法、BFGS 算法、L-BFGS 算法。这里主要讲解机器学习用得最为广泛的梯度下降法。

梯度下降法首先初始化参数 θ，然后按下面的迭代公式计算训练集 D 上风险函数的最小值：

$$\theta_{t+1} = \theta_t - \alpha \frac{\partial R_D(\theta)}{\partial \theta} = \theta_t - \alpha \frac{1}{N} \sum_{n=1}^{N} \frac{\partial\left(L\left(y^{(n)}\right), f\left(x^{(n)}; \theta\right)\right)}{\partial \theta} \tag{3.8}$$

其中，θ_t 为第 t 次迭代时的参数值；α 为搜索步长，在机器学习中，α 一般称为学习率（Learning Rate）。

3.3 评估方法

机器学习的目的是使训练出的模型能很好地适用于新样本，即使模型具有泛化能力。但太好的模型可能因为学习器的学习能力过于强大而把训练样本本身的特有性质当作所有潜在样本都具有的一般性质，导致模型的泛化能力减弱，出现过拟合的情况。欠拟合产生的原因是学习器没有通过训练样本学习到所有潜在样本都具有的一般性质。

学习算法很多，在选择模型时，训练误差由于过拟合的存在而不适合作为评价标准，而泛化误差又无法直接获得。因此，训练数据的存在就有了必要，通常选择训练误差较小的模型。

3.3.1 数据集划分方法

数据集一般需要划分为训练集和测试集,划分方法如下。

1. 留出法

留出法直接将数据集划分为两个互斥的集合,分别作为训练集和测试集,其中,训练集一般占数据集的 2/3~4/5。

划分原则:划分过程尽可能保持数据分布的一致性。

优点:操作简单,只需随机对原始数据进行分组即可。

缺点:训练集过大,更接近整个数据集,但是由于测试集较小,因此评估结果缺乏稳定性;若测试集过大,则会偏离整个数据集,与根据数据集训练出来的模型的差距较大,缺乏保真性。

2. 交叉验证法

将数据集划分为 k 个大小相似的互斥子集,每个子集轮流作为测试集,其余子集作为训练集,最终返回这 k 个训练结果的均值。

优点:更稳定,更具准确性。

缺点:时间复杂度较大。

3. 自助法

对包含 m 个样本的数据集 D 进行随机抽样,构建 D'(抽取 m 次,有放回地抽取)。D' 作为训练集,未被抽到的数据作为测试集。此时,某样本不被抽到的概率为

$$\lim_{m \to \infty}(1 - \frac{1}{m})^m \approx 0.368 \tag{3.9}$$

因此,初始数据集 D 约有 0.632 的样本作为训练集,约有 0.368 的样本作为测试集。

优点:适用于较小的、难以有效划分训练集和测试集的数据集。

缺点:产生的数据集改变了原始数据集的分布,会引入估计偏差。

3.3.2 性能度量

判断目标任务是回归任务还是分类任务,如果是回归任务,那么性能度量方法为均方误差:

$$E(f;D) = \frac{1}{m}\sum_{i,j=1}^{m}\left[f(x_i) - f(x_j)\right]^2 \tag{3.10}$$

其中,D 为数据样例集;$f(x_i)$ 为预测结果;$f(x_j)$ 为真实结果。

1. 查准率、查全率与 F_1

混淆矩阵是评判模型结果的指标，属于模型评估的一部分，如表 3.1 所示。此外，混淆矩阵多用于判断分类器（Classifier）的优劣，适用于分类类型的数据模型，如分类树（Classification Tree）、逻辑回归（Logistic Regression）、线性判别分析（Linear Discriminant Analysis）等。

表 3.1　混淆矩阵

真实情况	真预测结果	
	正例	反例
正例	TP（真正例）	FN（假反例）
反例	FP（假正例）	TN（真反例）

查准率（准确率）是指在模型预测为正例的样本中，实际为正例的比例：

$$P = \frac{TP}{TP + FP} \tag{3.11}$$

查全率（召回率）是指在所有实际正例样本中，模型成功预测为正例的比例：

$$R = \frac{TP}{TP + FN} \tag{3.12}$$

查准率和查全率是互相影响的，理想情况肯定是做到两者都高，但是在一般情况下，查准率高，查全率就低；查准率低，查全率就高。

综合考虑查准率和查全率，进而提出了 F1-Measure，相当于查准率和查全率的综合评价指标：

$$F_1 = \frac{2PR}{P + R} \tag{3.13}$$

当 F_1 较高时，说明模型的性能较好。

2. 学习器的性能比较

学习器的性能（$P\text{-}R$ 曲线）比较如图 3.2 所示。

（1）学习器 C 的 $P\text{-}R$ 曲线被学习器 A、B 的 $P\text{-}R$ 曲线包住，表明学习器 A、B 的性能优于学习器 C 的性能。

（2）寻找平衡点，如图 3.2 中的 3 个点，当查准率=查全率时，查准率和查全率的数值越高，对应的学习器往往越优秀。

3. ROC、AUC 和 EER

与 $P\text{-}R$ 曲线类似，根据学习器的预测结果对样例进行排序，按此顺序逐个把样本作为正例进行预测，每次计算出两个重要量的值，分别作为横、纵坐标作图。其中，ROC 曲线的横轴为假正例率（FPR）、纵轴为真正例率（TPR），如图 3.3 所示。

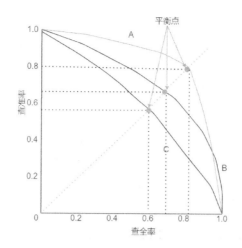

图 3.2　学习器的性能（*P-R* 曲线）比较

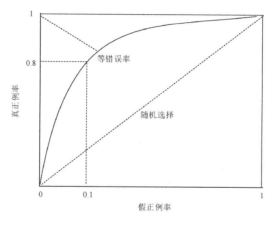

图 3.3　ROC 曲线示意图

给定一个学习器，如果更多的正样本被识别为正样本，就意味着更多的负样本被识别为正样本。图 3.3 中的对角线对应随机猜测模型。

（1）ROC 曲线即图 3.3 中的实曲线。当假正例率为零时，真正例率越高越好。

（2）AUC 即 ROC 曲线下方的面积，该面积越大越好：

$$\text{AUC} = \frac{1}{2}\sum_{i+1}^{m-1}(x_{i+1} - x_i)(y_i + y_{i+1}) \tag{3.14}$$

（3）EER 即等错误率，该点的假正例率和假负例率相等，且该值越小越好。

3.4　本章小结

本章介绍了机器学习相关基础知识，通过对本章的学习，读者应该了解机器学习的三要素，即模型、学习策略、优化准则的基本概念及其在机器学习中的作用。在学习策略中，应着重掌握欠拟合、过拟合、损失函数、代价函数、目标函数的基本概念。在此之后简要介绍了如何划分数据集、模型的性能度量，以及多模型如何比较的方法，在深度学习部分会重新详细讲解模型的性能度量优化。

　　在接下来的章节中，读者将接触机器学习实验，分别了解各种经典的机器学习算法，以及数据处理操作。实验分别用线性回归、SVM、随机森林等算法实现对数据的精准预测。

3.5　本章习题

1. 什么是机器学习？
2. 试述机器学习的三要素。
3. 简要阐述欠拟合、过拟合的区别，以及如何避免这两种情况出现。

习题解析

4. 试述划分数据集的方法及其优/缺点。
5. 机器学习有哪几种模型？试举出例子。

第**4**章

K 近邻算法

学而思行

《晏子春秋·杂下之十》中有这样一句话，"橘生淮南则为橘，生于淮北则为枳"，阐明了周围的环境和人的影响对我们的成长与发展具有重要的作用。同样，在数据的世界里，每个数据点并不是孤立的，它们的类别往往受其邻近数据点的影响，这就是所谓的 K 近邻算法的核心思想。

K 近邻算法是一种简单而实用的有监督学习算法，它在很多领域都有广泛应用，包括文本分类、图像识别等。通过学习 K 近邻算法，读者不仅可以理解数据点之间的关系如何影响预测结果，还可以培养读者的批判性思维和创新精神。通过选择合适的距离度量，理解不同的距离度量对结果的影响；同时，要勇于面对算法的挑战和限制，探索新的解决方案。

古人云，"近朱者赤，近墨者黑"，机器学习中的 K 近邻（KNN）算法的核心思想就是这句流传至今的名言。KNN 算法是众多机器学习算法中少有的懒惰学习算法。该算法不仅可以用来进行回归，还可以用来进行分类。本章学习 KNN 算法的基本理论，使用距离测量的方法对物品进行分类，编写构造 KNN 分类器的 Python 代码，利用实际的例子来讲解如何使用 KNN 算法对糖尿病数据集进行分类预测。

4.1 算法概述

4.1.1 基本概念

KNN 算法是数据挖掘技术中原理最简单的算法。KNN 算法的工作原理：给定一个已知标签类别的训练数据集，当输入没有标签的新数据后，在训练数据集中找到与新数据最邻近的 k 个实例，如果这 k 个实例多数属于某种类别，那么新数据就属于这种类别。可以简单理解为由那些离 X 最近的 k 个点来投票决定 X 属于哪种类别。

简单地说，KNN 算法采用测量不同特征值之间的距离的方法进行分类。

如图 4.1 所示，有三角形和正方形两种类别，现在需要判断圆形属于哪种类别。

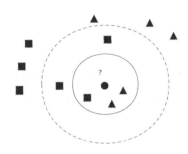

图 4.1 KNN 算法示意图

当 k=3 时，圆形属于三角形这种类别。

当 k=5 时，圆形属于正方形这种类别。

4.1.2 距离计算函数

要度量空间中点之间的距离，有好几种方式，如常见的曼哈顿距离计算、欧几里得距离计算等。通常，KNN 算法中使用的是欧几里得距离，以二维平面为例，二维空间中两个点之间的欧几里得距离计算公式为

$$|AB| = \sqrt{(x_1 - x_2)^2 + (y_1 - y_2)^2} \tag{4.1}$$

如果是多个特征扩展到 N 维空间，那么应怎么计算呢？此时，也可以使用欧几里得距离来度量，即

$$\mathrm{Dist}(x, y) = \sqrt{(x_1 - y_1)^2 + (x_2 - y_2)^2 + \cdots + (x_n - y_n)^2} = \sqrt{\sum_{i=1}^{n}(x_i - y_i)^2} \tag{4.2}$$

KNN 算法的步骤如下。

（1）计算已知标签类别数据集中的点与当前点之间的距离。

（2）按照距离递增次序进行排序。

（3）选取与当前点之间的距离最小的 k 个点。

（4）确定这 k 个点所属类别的出现频率。

（5）返回这 k 个点出现频率最高的类别作为当前点的预测类别。

4.2 实验数据

实验方法：KNN 分类。

实验数据集：Diabetes Data。

实验目的：预测基线一年后疾病进展的定量测量值（患病概率）。

4.2.1 准备数据

1. 数据集来源

Diabetes Data 也称糖尿病数据集，是一类用于多重变量分析的数据集：通过对 442 例糖尿病患者的年龄、性别、体重指数、平均血压及兴趣反应等 10 个属性进行分析来预测基线一年后疾病进展的定量测量值。

2. 数据集下载

对于 sklearn 数据集，请访问官网进行下载。为了更容易地显示数据，本章从糖尿病数据集中选取部分数据作为实验数据，并存放于 diabetes.csv 文本文件中。

数据集属性变量名和数据集标记值分别如表 4.1 与表 4.2 所示。

表 4.1　数据集属性变量名

属性名	含义
Glucose	葡萄糖
BloodPressure	血压
SkinThickness	三头肌组织褶厚度
Insulin	胰岛素
BMI	身体质量指数
DiabetesPedigreeFunction	糖尿病系统功能
Age	年龄
Pregnancies	怀孕

表 4.2　数据集标记值

标记值	含义
0	没有糖尿病
1	有糖尿病

3. 导入数据集

导入数据集的代码如下：

```
import pandas as pd #数据处理、CSV 文件 I/O（如 pd.read_csv）
df = pd.read_csv('diabetes.csv', header=0)  #数据集有标题
```

4.2.2 分析数据

现在，查看数据集的相关信息以便对数据集中的数据进行分析。

```
#查看数据集的维度
df.shape     # out:(768,9)
```

可以看到，数据集中有 768 个实例和 9 个属性。

```
#查看数据集的前5行
df.head()    # 可视图如图4.2所示
```

	Pregnancies	Glucose	BloodPressure	SkinThickness	Insulin	BMI	DiabetesPedigreeFunction	Age	Outcome
0	6	148	72	35	0	33.6	0.627	50	1
1	1	85	66	29	0	26.6	0.351	31	0
2	8	183	64	0	0	23.3	0.672	32	1
3	1	89	66	23	94	28.1	0.167	21	0
4	0	137	40	35	168	43.1	2.288	33	1

图 4.2 数据集的前 5 行可视图

4.2.3 处理数据

1. 数据归一化

为避免其中某个特征数据过大而影响整体，要对数据集进行归一化处理，使数据集中的所有特征的权重相等。数据归一化的处理方法有很多种，如 0-1 标准化、Z-Score 标准化、Sigmoid 压缩法等。本书使用最简单的 0-1 标准化处理方法，公式如下：

$$x_{\text{normalization}} = \frac{x - \text{Min}}{\text{Max} - \text{Min}} \tag{4.3}$$

将该计算公式封装为 minmax()函数。

```
""" 函数功能：归一化
参数说明：
    dataSet——原始数据集
返回：0-1 标准化之后的数据集
"""
def minmax(dataSet):
    minDf = dataSet.min()
    maxDf = dataSet.max()
    normSet = (dataSet - minDf )/(maxDf - minDf)
    return normSet
```

数据归一化可视图如图 4.3 所示。

2. 划分训练集和测试集

归一化数据集后，按照一定的比例要求将原始数据集划分为训练集和测试集两部分。为保证数据随机分配，采用打乱索引的方式打乱数据顺序。

```
"""
函数功能：划分训练集和测试集
```

参数说明：

dataSet——输入的数据集

rate——训练集所占的比例

返回：train 和 test，即划分好的训练集和测试集

```
"""
import random
def randSplit(dataSet, rate):
    l = list(dataSet.index)                    #提取索引
    random.shuffle(l)                          #随机打乱索引
    dataSet.index = l                          #将打乱的索引重新赋值给原始数据集
    n = dataSet.shape[0]                       #总行数
    m = int(n * rate)                          #训练集的数量
    train = dataSet.loc[range(m), :]           #提取前 m 个记录作为训练集
    test = dataSet.loc[range(m, n), :]         #剩下的记录作为测试集
    dataSet.index = range(dataSet.shape[0])    #更新原始数据集的索引
    test.index = range(test.shape[0])          #更新测试集的索引
    return train, test
```

本实验以 0.9 的比例（rate=0.9）划分数据集，划分后的训练集、测试集如下：

```
train,test = randSplit(datingT,0.9)
train.shape,test.shape
out:((691, 9), (77, 9))
```

	Pregnancies	Glucose	BloodPressure	SkinThickness	Insulin	BMI	DiabetesPedigreeFunction	Age	Outcome
0	0.352941	0.743719	0.590164	0.353535	0.000000	0.500745	0.234415	0.483333	1
1	0.058824	0.427136	0.540984	0.292929	0.000000	0.396423	0.116567	0.166667	0
2	0.470588	0.919598	0.524590	0.000000	0.000000	0.347243	0.253629	0.183333	1
3	0.058824	0.447236	0.540984	0.232323	0.111111	0.418778	0.038002	0.000000	0
4	0.000000	0.688442	0.327869	0.353535	0.198582	0.642325	0.943638	0.200000	1
...	...	...	...	...	...	...	...	...	...
763	0.588235	0.507538	0.622951	0.484848	0.212766	0.490313	0.039710	0.700000	0
764	0.117647	0.613065	0.573770	0.272727	0.000000	0.548435	0.111870	0.100000	0
765	0.294118	0.608040	0.590164	0.232323	0.132388	0.390462	0.071307	0.150000	0
766	0.058824	0.633166	0.491803	0.000000	0.000000	0.448584	0.115713	0.433333	1
767	0.058824	0.467337	0.573770	0.313131	0.000000	0.453055	0.101196	0.033333	0

768 rows × 9 columns

图 4.3　数据归一化可视图

4.3　算法实战

4.3.1　KNN 算法实现

（1）计算已知标签类别数据集中的点与当前点之间的距离：

```
dist = list((((train.iloc[:, :n] - test.iloc[i, :n]) 2).sum(1))2)
```

（2）按照距离递增次序进行排序：

```
dist_l = pd.DataFrame({'dist': dist, 'labels': (train.iloc[:, n])})
```

（3）选取与当前点之间的距离最小的 k 个点：

```
dr = dist_l.sort_values(by = 'dist')[: k]
```

（4）确定这 k 个点所在类别的出现频率：

```
re = dr.loc[:, 'labels'].value_counts()
```

（5）返回这 k 个点出现频率最高的类别作为当前点的预测类别。

4.3.2　预测测试集并计算准确率

下面构建针对糖尿病数据集的分类器，上面已经对原始数据集进行了归一化处理，并划分了训练集和测试集，因此函数的输入参数就可以是 train、test 和 k（KNN 算法的参数，即选取的与当前点之间的距离最小的 k 个点）。

```
""" 函数功能：KNN 算法分类器
参数说明：
    train——训练集
    test——测试集
    k——KNN 参数，即选取的与当前点之间的距离最小的 k 个点
返回：预测好类别的测试集
"""
def datingClass(train,test,k):
    n = train.shape[1] - 1
    m = test.shape[0]
    result = []
    for i in range(m):
        dist = list((((train.iloc[:, :n] - test.iloc[i, :n]) ** 2).sum(1))**5)
        dist_l = pd.DataFrame({'dist': dist, 'labels': (train.iloc[:, n])})
        dr = dist_l.sort_values(by = 'dist')[: k]
        re = dr.loc[:, 'labels'].value_counts()
        result.append(re.index[0])
    test['predict'] = result
    acc = (test.iloc[:,-1]==test.iloc[:,-2]).mean()
    print(f'模型预测准确率为{acc}')
    return test
```

4.3.3　结果分析

1. 准确率结果

计算准确率的实现代码如下：

```
datingClass(train,test,9)
out:模型预测准确率为 0.7532467532467533
```

调用 datingClass()函数后，当 *k*=9 时，判断是否患糖尿病的预测准确率达到 0.75（约数）。

2. 预测结果

图 4.4 展示了测试集的预测情况。

	Pregnancies	Glucose	BloodPressure	SkinThickness	Insulin	BMI	DiabetesPedigreeFunction	Age	Outcome	predict
0	0.176471	0.869347	0.688525	0.333333	0.560284	0.532042	0.076857	0.016667	1	1
1	0.235294	0.673367	0.590164	0.000000	0.000000	0.354694	0.084970	0.650000	1	0
2	0.529412	0.728643	0.655738	0.464646	0.153664	0.564829	0.238685	0.316667	1	0
3	0.411765	0.668342	0.721311	0.151515	0.183215	0.482861	0.078565	0.266667	0	0
4	0.235294	0.733668	0.696721	0.272727	0.118203	0.430700	0.047395	0.100000	0	1
...	...	...	...	...	...	...	...	...	...	...
72	0.058824	0.567839	0.524590	0.353535	0.000000	0.500745	0.198548	0.000000	1	0
73	0.352941	0.773869	0.639344	0.414141	0.165485	0.687034	0.210504	0.100000	0	1
74	0.058824	0.482412	1.000000	0.414141	0.000000	0.333830	0.055081	0.100000	0	1
75	0.117647	0.673367	0.573770	0.000000	0.000000	0.430700	0.198121	0.033333	1	0
76	0.411765	0.688442	0.737705	0.414141	0.000000	0.476900	0.133646	0.300000	0	1

77 rows × 10 columns

图 4.4　测试集的预测情况

对比 Outcome 和 predict 两列属性值，若两者一致，则表示预测正确，否则表示预测错误。

4.4 本章小结

本章详细介绍了 KNN 算法的相关理论，阐述了 KNN 算法的工作流程，通过糖尿病数据集讲述了如何使用 KNN 算法实现分类训练与预测。KNN 算法是基于实例的学习，使用时必须有接近实际数据的训练样本数据。KNN 算法必须保存全部数据集，如果训练数据集很大，就必须使用大量的存储空间。KNN 算法无法给出任何数据的基础结构信息，因此也无法知晓平均实例样本和典型实例样本具有什么特征。此外，由于它必须对数据集中的每个数据计算距离值，因此实际使用时可能非常耗时。

4.5 本章习题

1. 什么是 KNN 算法？它的优/缺点分别是什么？
2. KNN 算法中的 K 代表什么？如何选择其最佳值？
3. 如何解决 KNN 算法中的过拟合问题？
4. 阐述 KNN 算法的工作原理。
5. KNN 算法的模型复杂度体现在哪里？什么情况下会造成过拟合？

习题解析

第 **5** 章

决策树算法

决策在组织管理中具有非常重要的地位和作用，其决定组织的兴衰存亡、可以集思广益、是提高经济效益的基础、可以推动组织发展、实现组织目标。它是组织管理的核心问题，贯穿组织管理过程的始终。因此，做出正确的决策至关重要。

决策树算法是一种基础且常用的机器学习算法，它利用树形结构实现对数据的分类或预测。在现实生活中，决策树被广泛应用于各个领域，如医疗诊断、信用卡欺诈检测、电力系统故障诊断等。通过学习决策树算法的相关思想，可以提升读者解决现实生活、工作、学习中困难的决策能力，这对促进团队协作、培养组织管理思维有重要意义。

某公司想招聘机器学习算法工程师，HR（Human Resources，人事）可能会先看应聘者是否在顶级会议上发表过论文，如果发表过，就直接录用。否则，HR 会看应聘者是否为研究生，如果是，且其读研期间做的项目是和机器学习有关的，就录用；如果不是，则看其成绩是否是年级前 10，若是，则录用，否则留待考察。决策树的工作原理与上述过程类似，即为了达到目标，根据一定的条件不断地进行选择。

决策树，顾名思义，就是一种树形结构，其中树的每个内部节点表示一个属性的判断，每个分支代表一个判断结果的输出，每个叶节点代表一种分类结果。作为一种非参数的有监督学习算法，它主要用于分类，在风险评估、数据分类、专家系统等领域也均有应用。例如，专家系统中经常使用决策树，而且决策树给出的结果往往可以匹敌在当前领域具有几十年工作经验的人类专家给出的结果。

第 4 章介绍的 KNN 算法可以完成很多分类任务，但是它最大的缺点就是无法给出数据的内在含义。而本章所讲的决策树算法的主要优势就是其数据形式容易理解，具有非常好的可解释性。本章学习如何从一堆原始数据中构建决策树，讨论构建决策树的方法，编写构建决策树的 Python 代码，递归建立分类器及使用 Graphviz 包绘制决策树。

5.1 算法概述

5.1.1 基本概念

决策树是附加概率结果的一个树状的决策图，是直观地运用统计概率分析的图法。机器学习中的决策树是一个预测模型，表示对象属性和对象值之间的一种映射。这里以银行客户贷款资格评估为例进行说明。银行客户贷款资格评估决策树示例图如图 5.1 所示。

通过上面的例子可以很容易理解：决策树算法的本质就是树形结构。因此，这里需要了解以下 3 个有关树形结构的概念。

（1）根节点：树顶端的节点，没有进边，只有出边。

（2）中间节点：既有进边又有出边，但进边有且仅有一条，而出边则可以有很多条。

（3）叶节点：树底部的节点，即决策结果。每个叶节点代表一个类别标签，只有进边，没有出边，进边有且仅有一条。

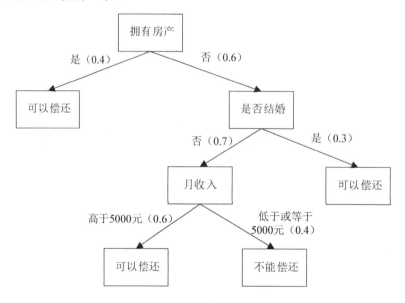

图 5.1　银行客户贷款资格评估决策树示例图

由上面的例子也可以看出，决策树其实就是一个 if-then 规则集合。由决策树的根节点到叶节点的每条路径构建出一条规则，路径上中间节点的特征对应规则的条件，叶节点的类别标签对应规则的结论。决策树的路径或其对应的 if-then 规则集合有一个重要的性质：互斥且完备。也就是说，每个实例都被（有且仅有）一条路径或规则覆盖。这里的覆盖是指实例的特征与路径上的特征一致，或者实例满足规则的条件。

如何构建决策树呢？通常，这一过程可以概括为 3 个步骤：特征选择、决策树的生成和决策树的剪枝。

5.1.2 特征选择

特征选择就是决定用哪个特征来划分特征空间，其目的在于选取对训练数据具有分类能力的特征，这样可以提高决策树学习的效率。如果利用一个特征进行分类的结果与随机分类的结果没有很大的差别，则称这个特征没有分类能力，经验上扔掉这些特征对决策树学习精度的影响不会很大。

那么，如何选择最优特征呢？一般而言，随着划分过程的不断进行，要求决策树的分支节点所包含的样本尽可能属于同一类别，即节点的纯度越来越高。信息纯度等级示意图如图 5.2 所示。其中 3 个子图由左至右表示的是纯度越来越低的过程，最后一个子图表示的是纯度最低的状态。

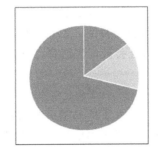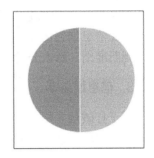

图 5.2　信息纯度等级示意图

在实际使用中，衡量信息常常使用不纯度。度量不纯度的指标有很多个，如熵、信息增益、信息增益率、基尼指数。

1. 香农熵及计算函数

熵定义为信息的期望值。在信息论与概率统计中，熵表示随机变量的不确定性。假定当前样本集合 D 中一共有 n 类样本，第 i 类样本为 x_i，则 x_i 的信息定义为

$$l(x_i) = -\log_2(x_i) \tag{5.1}$$

通过式（5.1）即可得到所有类别的信息。为了计算熵，还需要计算所有类别的所有可能值包含的信息期望值（数学期望），通过下面的公式得到：

$$\text{Ent}(D) = -\sum p(x_i)\log_2 P(x_i) \tag{5.2}$$

其中，$p(x_i)$ 是选择该分类的概率。Ent(D)的值越小，代表 D 的不纯度越低。

2. 信息增益

信息增益的计算公式就是父节点的信息熵与其所有子节点的总信息熵之差。但这里要注意的是，此时计算子节点的总信息熵不能简单地求和，而要在求和汇总之前进行修正。

假设离散属性 a 有 V 个可能的取值 $\{a^1, a^2, \cdots, a^V\}$，若使用 a 对样本数据集 D 进行划分，则会产生 V 个分支节点，其中第 v 个分支节点包含了 D 中所有在属性 a 上取值为 a^v 的

样本，记为 D^v。可根据信息熵的计算公式计算出 D^v 的信息熵，考虑到不同的分支节点所包含的样本数不同，给分支节点赋予权重 $|D^v|/|D|$，这就是所谓的修正。故信息增益的计算公式如下：

$$\text{Gain}(D,a) = \text{Ent}(D) - \sum_{v=1}^{V} \frac{|D^v|}{|D|} \text{Ent}(D^v) \tag{5.3}$$

一般而言，信息增益越大，意味着使用属性 a 进行划分所获得的纯度提升越大。因此，可以采用信息增益来进行决策树的划分属性的选择。例如，著名的 ID3 决策树学习算法就是以信息增益为准则来选择划分属性的，选择最大信息增益，即信息下降最快的方向。

当特征的取值较多时，根据此特征进行划分更容易得到纯度更高的子集，因此划分之后的熵更低。由于划分前的熵是一定的，取值较多的特征划分后的熵较低，信息增益更大，因此信息增益比较偏向取值较多的特征。也就是说，如果在生成决策树时以信息增益作为判断准则，那么分类较多的特征会被优先选择，这是信息增益的一大局限性。

3. 信息增益率

为了打破信息增益的局限性，引入了信息增益率的概念。因为分支过多容易导致过拟合，极易造成不理想的后果，所以需要采用信息增益率对多分支进行惩罚。信息增益率的定义为

$$\text{Gain}_{\text{ratio}}(D,a) = \frac{\text{Gain}(D,a)}{\text{IV}(a)} \tag{5.4}$$

其中

$$\text{IV}(a) = -\sum_{v=1}^{V} \frac{|D^v|}{|D|} \log_2 \frac{|D^v|}{|D|} \tag{5.5}$$

称为属性 a 的固有值。当属性 a 的可能取值的数目越多时，即 V 越大，$\text{IV}(a)$ 的值通常会越大，即可避免信息增益中的归纳偏置问题。但信息增益率也可能产生一个问题，即对可能取值的数目较少的属性有所偏好。

C4.5 算法使用信息增益率来构建决策树。但值得注意的是，C4.5 算法并不直接选择使用信息增益率最大的候选划分属性，而使用一个启发式算法：先从候选划分属性中找出信息增益高于平均水平的属性，再从中选择信息增益率最大的。

4. 基尼指数

基尼指数（Gini Index）也可以用于进行特征选择，CART 决策树算法就使用基尼指数来进行特征选择的。基尼值表示为

$$\text{Gini}(D) = \sum_{k=1}^{K} \sum_{k' \neq k} p_k p_{k'} = 1 - \sum_{k=1}^{K} p_k^2 \tag{5.6}$$

其中，K 表示样本集合中一共有 K 个类别；p_k 表示选中的样本属于 k 类别的概率。$\text{Gini}(D)$

反映了从数据集 D 中随机抽取两个样本，其类别标记不一致的概率，因此，$\text{Gini}(D)$ 越小，数据集 D 的纯度越高。属性 a 的基尼指数定义为

$$\text{Gini}_{\text{index}}\left(D\right) = \sum_{v=1}^{V} \frac{\left|D^{v}\right|}{\left|D\right|} \text{Gini}\left(D^{v}\right) \tag{5.7}$$

在离散属性集合 V 中，选择使得划分后基尼指数最小的属性作为最优划分属性。

5.1.3　决策树的生成

得到原始数据集后，依据特征选择的要求，利用信息增益最大的属性值划分数据集。由于特征值可能多于两个，因此可能存在大于两个分支的数据集划分情况。第一次划分之后，数据集被向下传递到树的分支的下一个节点。在这个节点上，再次划分数据，即采用递归的原则处理数据集。递归结束的条件是程序遍历完所有的特征列，或者每个分支下的所有实例都具有相同的分类。如果所有实例都具有相同的分类，则得到一个叶节点。任何到达叶节点的数据必然属于叶节点的分类，即叶节点里面必须是标签。

决策树的构建流程如下。

（1）构建根节点。将所有训练数据都放在根节点上，选择一个最优特征，按照这一特征将训练数据集划分为多个子集，使得各个子集都有一个在当前条件下最好的分类。

（2）如果这些子集已经能够被基本正确分类，就开始构建叶节点，并将这些子集分到所对应的叶节点上。

（3）如果还有子集不能够被正确分类，就为这些子集选择新的最优特征，继续对其进行划分，构建相应的节点。递归进行，直至所有子集都能够被基本正确分类，或者没有合适的特征。

（4）每个子集都被分到叶节点上，即都有了明确的类，便生成一棵决策树。

构建决策树的算法有很多，如 ID3、C4.5 和 CART。这 3 种算法都是非常著名的决策树算法。三者的区别简言之，即 ID3 算法使用信息增益作为选择特征的准则，C4.5 算法使用信息增益率作为选择特征的准则，CART 算法使用基尼指数作为选择特征的准则。本实验选用 ID3 算法。

ID3 算法的核心是在决策树各个节点上对应信息增益准则选择特征，递归地构建决策树。具体流程如下。

（1）从根节点开始，对节点计算所有可能特征的信息增益，选择信息增益最大的特征作为节点的特征，由该特征的不同取值建立子节点。

（2）对子节点递归地调用以上方法，构建决策树。

（3）直到所有特征的信息增益均很小或没有特征可以选择，从而得到一棵决策树。

5.1.4 决策树的剪枝

决策树生成算法递归地产生决策树，直到不能继续。这样产生的决策树往往对训练数据的分类很准确，但对未知的测试数据的分类没有那么准确，非常容易出现过拟合现象，原因在于学习时过多地考虑如何提高对训练数据的正确分类，从而构建出过于复杂的决策树。解决这个问题的方法是考虑决策树的复杂度，对已生成的决策树进行简化，即常说的剪枝。

剪枝的总体思路就是由完全树 T_0 开始，先剪枝部分节点得到树 T_1，再剪枝部分节点得到树 T_2，直到仅剩树根的 T_k。在验证数据集上对这 $k+1$ 棵树分别进行评价，选择其中损失函数最小的树 T_a 作为最终生成的决策树。

剪枝策略有预剪枝和后剪枝两种，预剪枝指在完全正确分类之前，决策树会较早地停止树的生长，停止生长的方法分为通用停止和严格停止两种，通用停止即当所有样本均属于同一类别或样本的所有特征值都相同时，终止递归；而严格停止则限制深度、叶节点数目、叶节点样本数、信息增益阈值等，如指定到某一具体数值后不再进行分裂。与预剪枝不同，后剪枝首先通过完全分裂构建完整的决策树，允许过拟合；然后采取一定的策略来剪枝。常用的后剪枝策略包括降低错误剪枝、悲观错误剪枝、基于错误剪枝、最小错误剪枝等，其中常用的是降低错误剪枝，它是最简单粗暴的一种后剪枝方法，其目的是减少误差样本数量。

5.1.5 决策树的存储

构建决策树是很耗时的任务，即使处理很小的数据集，也要花费几秒的时间，如果数据集很大，那么将花费很多时间。因此，为了节省时间，构建好决策树之后，应立刻将其保存，后续使用时直接调用即可。

5.1.6 决策树的可视化

决策树的主要优点就是直观、易于理解，如果不能将其直观地显示出来，就无法发挥其优势。Python 目前并没有提供绘制树形图的工具，因此必须自行绘制。可通过 Matplotlib 包来一步步实现，也可通过 sklearn 中的 Graphviz 包来实现。前者需要绘制节点，标注有向边属性值，以及计算叶节点数目等，还需要实现递归，操作难度较大；而后者则具有一些封装好的函数用于辅助绘制，可大大减少绘制的工作量，故本实验采用后者。

5.2 实验数据

实验方法：决策树算法。

实验数据集：隐形眼镜数据集。

实验目的：利用隐形眼镜数据集构建随机森林模型来预测适合客户的隐形眼镜类型。

5.2.1 数据集介绍

隐形眼镜数据集是非常著名的数据集，它包含很多患者眼部状况的观察条件，以及医生推荐的隐形眼镜类型。其中，隐形眼镜类型包括硬材质（hard）、软材质（soft），以及不适合佩戴隐形眼镜（no lenses）。该数据集的特征有 4 个：age（年龄）、prescript（症状）、astigmatic（是否散光）、tearRate（眼泪数量）。

为了更容易地显示数据，本实验从 UCI 数据库中选取部分数据作为实验数据，并存放于 lenses.txt 文本文件中。

5.2.2 导入数据集

利用数据分析的 Pandas 包将 lenses.txt 文本文件解析为 Tab 键分隔的数据行。

```
import pandas as pd
import numpy as np
import matplotlib.pyplot as plt
lenses = pd.read_table('lenses.txt',header = None)#读取数据
lenses.columns =['age','prescript','astigmatic','tearRate','class']#数据划分
print (lenses)
```

文本数据处理后的数据列表如表 5.1 所示。

表 5.1 文本数据处理后的数据列表

编号	age	prescript	astigmatic	tearRate	class
0	young	myope	no	reduced	no lenses
1	young	myope	no	normal	soft
2	young	myope	yes	reduced	no lenses
3	young	myope	yes	normal	hard
4	young	hyper	no	reduced	no lenses
5	young	hyper	no	normal	soft
6	young	hyper	yes	reduced	no lenses
7	young	hyper	yes	normal	hard
8	pre	myope	no	reduced	no lenses
9	pre	myope	no	normal	soft
10	pre	myope	yes	reduced	no lenses
11	pre	myope	yes	normal	hard
12	pre	hyper	no	reduced	no lenses
13	pre	hyper	no	normal	soft
14	pre	hyper	yes	reduced	no lenses
15	pre	hyper	yes	normal	no lenses

续表

编号	age	prescript	astigmatic	tearRate	class
16	presbyopic	myope	no	reduced	no lenses
17	presbyopic	myope	no	normal	no lenses
18	presbyopic	myope	yes	reduced	no lenses
19	presbyopic	myope	yes	normal	hard
20	presbyopic	hyper	no	reduced	no lenses
21	presbyopic	hyper	no	normal	soft
22	presbyopic	hyper	yes	reduced	no lenses
23	presbyopic	hyper	yes	normal	no lenses

5.2.3 划分训练集和测试集

导入数据集后，按照一定的比例要求将原始数据集划分为训练集和测试集两部分。为保证数据随机分配，采用打乱索引的方式打乱数据顺序。值得注意的是，由于这里采用随机索引的方式，因此每次划分的数据集并不相同。

```python
"""
函数功能：划分训练集和测试集
参数说明：
dataSet——输入的数据集
rate——训练集所占的比例
返回：
train——划分好的训练集
test——划分好的测试集
"""
import random
def randSplit(dataSet, rate):
    l = list(dataSet.index)                      #提取索引
    random.shuffle(l)                            #随机打乱索引
    dataSet.index = l                            #将打乱的索引重新赋值给原始数据集
    n = dataSet.shape[0]                         #总行数
    m = int(n * rate)                            #训练集的数量
    train = dataSet.loc[range(m), :]             #提取前 m 个记录作为训练集
    test = dataSet.loc[range(m, n), :]           #剩下的记录作为测试集
    dataSet.index = range(dataSet.shape[0])      #更新原始数据集的索引
    test.index = range(test.shape[0])            #更新测试集的索引
return train, test
#调用函数
train1,test1 = randSplit(lenses, 0.8)
```

本实验以 0.8 的比例划分数据集，划分后的训练集和测试集数据列表如表 5.2 所示。

表 5.2 划分后的训练集和测试集数据列表

类别	编号	age	prescript	astigmatic	tearRate	class
训练集	0	pre	hyper	yes	normal	no lenses
	1	young	myope	yes	normal	hard
	2	young	hyper	no	normal	soft
	3	young	myope	no	normal	soft
	4	presbyopic	hyper	no	reduced	no lenses
	5	young	hyper	no	reduced	no lenses
	6	pre	myope	no	normal	soft
	7	young	hyper	yes	normal	hard
	8	pre	hyper	no	normal	soft
	9	pre	myope	no	reduced	no lenses
	10	presbyopic	myope	yes	normal	hard
	11	presbyopic	myope	yes	reduced	no lenses
	12	presbyopic	hyper	yes	normal	no lenses
	13	young	myope	yes	reduced	no lenses
	14	presbyopic	myope	no	normal	no lenses
	15	young	myope	no	reduced	no lenses
	16	pre	hyper	no	reduced	no lenses
	17	young	hyper	yes	reduced	no lenses
	18	presbyopic	myope	no	reduced	no lenses
测试集	0	presbyopic	hyper	yes	reduced	no lenses
	1	pre	myope	yes	reduced	no lenses
	2	pre	myope	yes	normal	hard
	3	presbyopic	hyper	no	normal	soft
	4	pre	hyper	yes	reduced	no lenses

5.3 算法实战

5.3.1 计算香农熵

将熵的计算公式封装为 calEnt() 函数：

```
"""
函数功能：计算香农熵
参数说明：
dataSet——原始数据集
返回：
ent——香农熵的值
"""
def calEnt(dataSet):
```

```
        n = dataSet.shape[0]                         #数据集总行数
        iset = dataSet.iloc[:,-1].value_counts()     #标签的所有类别
        p = iset/n                                   #每个类别标签所占的比例
        ent = (-p*np.log2(p)).sum()                  #计算香农熵
        return ent
```

5.3.2 数据集最佳划分函数

根据 ID3 算法，以最大信息增益作为划分数据集的依据。遍历数据集中的所有特征列，对每一特征列下的所有取值进行循环，求出信息熵，进而求出所在列的信息增益，最终通过判断找到最大信息增益及其所在列的特征。

```
"""
函数功能：根据信息增益选择出数据集最佳划分列
参数说明：
dataSet——原始数据集
返回：
axis——数据集最佳划分列的索引
"""
#选择最优的列进行划分
def bestSplit(dataSet):
    baseEnt = calEnt(dataSet)                        #计算原始熵
    bestGain = 0                                     #初始化信息增益
    axis = -1                                        #初始化最佳划分列（标签列）
    for i in range(dataSet.shape[1]-1):              #对特征的每一列进行循环
        levels= dataSet.iloc[:,i].value_counts().index#提取出当前列的所有取值
        ents = 0                                     #初始化子节点的信息熵
        for j in levels:                             #对当前列的每个取值进行循环
            childSet = dataSet[dataSet.iloc[:,i]==j] #产生一个子节点的dataFrame
            ent = calEnt(childSet)                   #计算某个子节点的信息熵
            ents += (childSet.shape[0]/dataSet.shape[0])*ent#计算当前列的信息熵
            print(f'第{i}列的信息熵为{ents}')
            infoGain = baseEnt-ents                  #计算当前列的信息增益
        print(f'第{i}列的信息增益为{infoGain}')
        if (infoGain > bestGain):
            bestGain = infoGain                      #选择最大信息增益
            axis = i                                 #最大信息增益所在列的索引
    return axis
```

5.3.3 按照给定列划分数据集

通过最佳划分函数返回最佳划分列的索引，根据这个索引，构建一个按照给定列划分

数据集的函数。

```
"""
函数功能：按照给定列划分数据集
参数说明：
dataSet——原始数据集
axis——指定的列索引
value——指定的属性值
返回：
redataSet——按照指定的列索引和属性值划分后的数据集
"""
def mySplit(dataSet,axis,value):
    col = dataSet.columns[axis]
    redataSet = dataSet.loc[dataSet[col]==value,:].drop(col,axis=1)
    return redataSet
```

5.3.4 递归构建决策树

依据最大信息增益准则，先找到代表根节点的特征，进而对数据集进行划分，构建决策树的分支；再将划分后的数据集作为再次判断的数据集，寻找具有最大信息增益的特征，进行进一步划分。如此进行，即采用递归的方式不断进行，直至所有特征的信息增益均很小或没有特征可以选择，停止决策树的生长。代码如下：

```
"""
函数功能：基于最大信息增益划分数据集，递归构建决策树
参数说明：
dataSet——原始数据集（最后一列是类别标签）
返回：
myTree——字典形式的树
"""
def createTree(dataSet):
    featlist = list(dataSet.columns)                  #提取出数据集所有的列
    classlist = dataSet.iloc[:,-1].value_counts()     #获取最后一列类别标签
    #判断最多类别标签数目是否等于数据集行数，或者数据集是否只有一列
    if classlist[0]==dataSet.shape[0] or dataSet.shape[1] == 1:
        return classlist.index[0]                     #如果是，则返回类别标签
    axis = bestSplit(dataSet)                          #确定当前最佳划分列的索引
    bestfeat = featlist[axis]                          #获取该索引对应的特征
    myTree = {bestfeat:{}}                             #采用字典嵌套的方式存储树节点信息
    del featlist[axis]                                 #删除当前特征
    valuelist = set(dataSet.iloc[:,axis])             #提取最佳划分列的所有属性值
    for value in valuelist:                            #对每个属性值递归地构建树
```

```
        myTree[bestfeat][value] = createTree(mySplit(dataSet,axis,value))
    return myTree
```

5.3.5　利用训练集生成决策树

```
#利用训练集生成决策树
lensesTree = createTree(train1)
lensesTree
```

此时，生成的决策树是采用字典嵌套的方式进行存储的，如下所示：

```
{'tearRate': {'reduced': 'no lenses',
'normal': {'astigmatic': {'yes': {'age': {'pre': 'no lenses',
'presbyopic': {'prescript': {'hyper': 'no lenses', 'myope': 'hard'}}}},
{'prescript': {'hyper': 'no lenses', 'myope': 'hard'}},
{'prescript': {'hyper': 'no lenses', 'myope': 'hard'}},
'no': {'age': {'pre': 'soft',
'young': 'soft',
'presbyopic': 'no lenses'}}}}}}
```

5.3.6　保存决策树

鉴于本实验数据的限制，以及本实验核心在于决策树的构建，故针对决策树剪枝部分的内容，学生课后进行自我补充学习。这里直接进入决策树的保存步骤，使用 NumPy 包里面的 save() 函数直接把字典形式的数据保存为.npy 文件，调用时直接使用 load() 函数即可。

```
#树的存储
np.save('lensesTree.npy',lensesTree)
#树的读取
read_myTree = np.load('lensesTree.npy').item()
```

5.3.7　预测测试集并计算准确率

对测试集中的每条数据进行循环，进而实现对每个测试实例进行分类，并将预测结果追加到测试集最后一列。

```
"""
函数功能：对一个测试实例进行分类
参数说明：
inputTree——已经生成的决策树
labels——存储选择的最优特征标签
testVec——测试数据列表，其顺序对应原始数据集
返回：
```

```
classLabel——分类结果
"""
def classify(inputTree,labels, testVec):
    firstStr = next(iter(inputTree))              #获取决策树的第一个节点
    secondDict = inputTree[firstStr]              #下一个字典
    featIndex = labels.index(firstStr)            #第一个节点所在列的索引
    for key in secondDict.keys():
        if testVec[featIndex] == key:
            if type(secondDict[key]) == dict :
                classLabel = classify(secondDict[key], labels, testVec)
            else:
                classLabel = secondDict[key]
        return classLabel
def acc_classify(train,test):
    inputTree = createTree(train)                 #根据测试集生成一棵决策树
    labels = list(train.columns)                  #数据集的所有列的名称
    result = []
    for i in range(test.shape[0]):                #对测试集中的每条数据进行循环
        testVec = test.iloc[i,:-1]                #测试集中的一个实例
        classLabel = classify(inputTree,labels,testVec)  #预测该实例的分类
        result.append(classLabel)                 #将分类结果追加到result列表中
    test['predict']=result                        #将预测结果追加到测试集最后一列
    acc = (test.iloc[:,-1]==test.iloc[:,-2]).mean()  #计算准确率
    print(f'模型预测准确率为{acc}')
    return test
```

调用 acc_classify() 函数后，隐形眼镜数据集的预测准确率达到0.6。测试集的预测情况如表 5.3 所示。

表 5.3　测试集的预测情况

编号	age	prescript	astigmatic	tearRate	class	predict
0	presbyopic	hyper	yes	reduced	no lenses	no lenses
1	pre	myope	yes	reduced	no lenses	no lenses
2	pre	myope	yes	normal	hard	no lenses
3	presbyopic	hyper	no	normal	soft	no lenses
4	pre	hyper	yes	reduced	no lenses	no lenses

在表 5.3 中，通过对 class 列和 predict 列的对比可见，第 0、1、4 条数据分类正确，第 2、3 条数据分类错误，再次证明其准确率为 0.6。

5.3.8　绘制决策树

使用 sklearn 中的 DecisionTreeClassifier() 函数构建决策树，但值得注意的是，它默认

使用 CART 算法，这里可先将其特征选择标准 criterion 参数值改为 entropy，即 ID3 的信息增益；然后通过 export_graphviz()方法生成 dot_data，此时的 dot_data 是一个字符串类型的数据，里面的内容是之后要进行可视化的内容；最后利用 graphviz.Source()方法将 dot_data 转换成可视化的格式。

结果决策树示意图如图 5.3 所示。

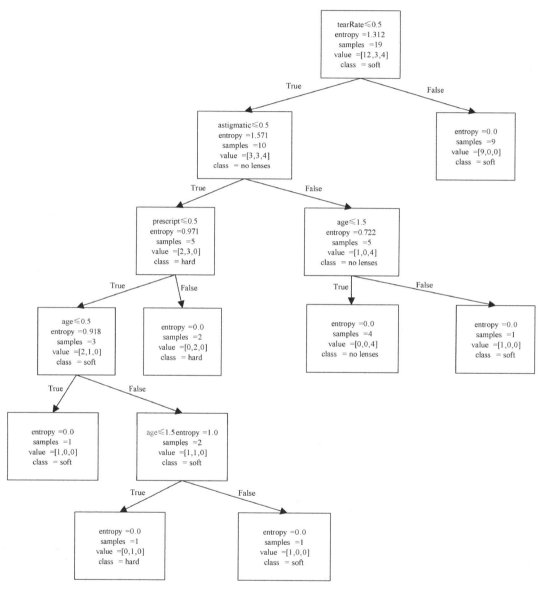

图 5.3 结果决策树示意图

从图 5.3 中可以得出，从根节点出发，判断 **tearRate** 是否满足小于或等于 0.5 的条件，若满足，则去向左子树的根节点，进一步通过其他特征进行判断；若不满足，则直接判定该用户需要佩戴软材质的隐形眼镜。到达左子树后，判断眼睛是否散光。若 **astigmatic** 满足小于或等于 0.5 的条件，则进行症状条件判断，若 prescript 小于或等于 0.5，则需要进一步进行判断；若 prescript 大于 0.5，则判定该用户需要佩戴硬材质的隐形眼镜。若 astigmatic 不满足小于或等于 0.5 的条件，则进行年龄条件判断，若 age 小于或等于 1.5，则判定该用户不适合佩戴隐形眼镜；若 age 大于 1.5，则判定该用户需要佩戴软材质的隐形眼镜。

补充说明：这里每个特征的数值型数据 0.5、1.5 的来源主要是因为调用了 DecisionTreeClassifier() 函数来实现数据序列化，即将 age 的 3 个属性值 yong、pre、presbyopic 分别用 0、1、2 来表示，prescript 的 2 个属性值 hyper、myope 分别用 0、1 来表示，astigmatic 的 2 个属性值 yes、no 分别用 0、1 来表示，tearRate 的 2 个属性值 yes、no 分别用 reduced、normal 来表示。

5.4 本章小结

本章完整阐述了决策树算法的工作流程，重点介绍了用于特征选择的相关指标，以及借助绘图包实现决策树的可视化。值得注意的是，在构建决策树时，通常采用递归的方式将数据集转化为决策树，这时并不会构建新的数据结构来存储树节点信息，而是直接使用 Python 语言内嵌的字典数据结构来存储树节点信息。

隐形眼镜的例子一方面体现了决策树优于其他机器学习算法的可视化和易解释性，以及数据准备工作的简易化，不再需要强制进行数据规范化和创建虚拟变量等操作；另一方面表明决策树可能会产生过多的数据集划分，从而产生过度匹配数据集的问题，以及数据分类不平衡导致的偏差，使得决策树的构建具有不稳定性等问题。

第 4 章和本章讨论的都是结果确定的分类算法，即数据实例会被明确划分为某种类别的算法，第 6 章将进一步讨论那些数据实例无法被明确划分为某种类别或数据实例只能给定分类概率的分类算法。

5.5 本章习题

1. 什么是决策树？
2. 简述决策树的根节点、中间节点和叶节点。
3. 如何构建决策树？简述其过程。
4. 决策树能用来做什么？
5. 决策树的优点和缺点分别是什么？

习题解析

第 **6** 章

朴素贝叶斯算法

《道德经》中有这样一句话,"九层之台,起于累土"。这句话在现代社会中也有着很深远的启示意义。在学习、工作、生活等方面,我们都需要脚踏实地、逐步积累,只有这样才能取得真正的成就和进步。要获得不凡的成就,需要慢慢积累、厚积薄发,在不同的阶段不断加强对知识的理解,提升解决不同难题的能力。

贝叶斯分析的思路是由证据的积累来推测一个事件发生的概率,在预测一个事件时,首先根据已有的经验和知识推断一个先验概率,然后在新证据不断积累的情况下调整这个概率。这与上面提到的思想不谋而合,即通过不断努力和积累经验来提高自己的能力与素质,以应对各种挑战并实现自我。

经典的概率论对小样本事件并不能进行准确的评估,想得到相对准确的结论,往往需要进行大量的现场实验。而贝叶斯理论利用已有的先验信息,可以得到分析对象准确的后验分布。贝叶斯模型是用参数来描述的,并用概率分布来描述这些参数的不确定性。

在机器学习中,朴素贝叶斯分类是一种用于分类任务的简单而强大的算法。朴素贝叶斯分类基于贝叶斯定理,特征之间具有很强的独立性假设。当将朴素贝叶斯分类用于自然语言处理等文本数据分析时,会产生良好的结果。朴素贝叶斯模型也称简单贝叶斯或独立贝叶斯。所有这些名称都是指贝叶斯定理在分类器决策规则中的应用。朴素贝叶斯分类器在实践中应用贝叶斯定理,这个分类器将贝叶斯定理的能力带到了机器学习中。朴素贝叶斯分类器使用贝叶斯定理预测每个类别的成员概率,如给定记录或数据点属于特定类别的概率。概率最高的类别被认为是最可能的类别,这一概率也被称为最大后验概率(MAP)。

朴素贝叶斯是任何人都可以使用的、流行的和对初学者友好的算法之一。本章将探索朴素贝叶斯算法,了解朴素贝叶斯算法的原理,以及其类型和用例。

6.1　算法概述

6.1.1　基本概念

1. 分布函数

分布函数（Distribution Function）是指随机变量小于某个值的函数，它和累积密度函数（Cumulative Density Function）是同一个意思。对于连续型分布，分布函数或累积密度函数是概率密度函数（Probability Density Function）的积分；对于离散型分布，分布函数或累积密度函数是阶梯状的分段函数。

2. 概率密度函数

概率密度函数仅针对连续型随机变量进行定义，可以理解成连续型随机变量的似然函数。它是连续型随机变量的分布函数的一阶导数，即变化率。例如，一元高斯分布的概率密度函数为

$$f(x) = \frac{1}{\sqrt{2\pi}\theta} e^{-\frac{(x-\mu)^2}{2\theta^2}} \tag{6.1}$$

3. 概率质量函数

概率质量函数（Probability Mass Function）仅针对离散型随机变量进行定义，它是离散型随机变量在各个特定值上取值的概率。注意：连续型随机变量的概率密度函数虽然与离散型随机变量的概率质量函数对应，但是前者并不是概率，前者需要在某个区间积分后表示概率，而后者是特定值概率。连续型随机变量没有在某点的概率的说法（因为每点的概率密度函数都是 0）。假设 x 是抛均匀硬币的结果，反面取值为 0，正面取值为 1，那么其概率质量函数为

$$f(x) = \begin{cases} \dfrac{1}{2}, & x \in \{0,1\} \\ 0, & x \notin \{0,1\} \end{cases} \tag{6.2}$$

4. 似然函数

似然函数（Likelihood Function）是指在某个参数下，关于数据的函数。它在统计推断问题中极其重要，一般表示为

$$L(\theta|Y) = P(y|\theta) \tag{6.3}$$

由于一般假设所有数据都是独立同分布的，因此，似然计算的结果是所有数据的密度函数的乘积，这在计算中非常麻烦。故一般使用对数似然来计算。

5. 边缘分布

在统计理论中，边缘分布（Marginal Distribution）指的是在一组随机变量中，只包含

其中部分随机变量的概率分布。例如，对于随机变量 x 和 y，x（离散型随机变量）的边缘分布为

$$P(x) = \sum_y P(x,y) = \sum_y P(x|y)p(y) \tag{6.4}$$

x（连续型随机变量）的边缘分布为

$$P(x) = \int_y p(x,y)\mathrm{d}y = \int_y p(x|y)p(y)\mathrm{d}y \tag{6.5}$$

6.1.2 贝叶斯算法的由来与原理

1. 朴素贝叶斯算法的由来

朴素贝叶斯算法（Naive Bayesian Algorithm）是应用最为广泛的分类算法之一。朴素贝叶斯算法在贝叶斯算法的基础上进行了相应的简化，即假定在给定目标值时，属性之间相互条件独立。也就是说，没有哪个属性变量对于决策结果占有较大的比重，也没有哪个属性变量对于决策结果占有较小的比重。虽然这种简化方式在一定程度上降低了贝叶斯算法的分类效果，但是在实际的应用场景中，它极大地降低了贝叶斯算法的复杂性。

2. 算法原理

朴素贝叶斯分类是以贝叶斯定理为基础并假设特征条件之间相互独立的方法：先通过已给定的训练集，以特征词之间独立作为前提假设，学习从输入到输出的联合概率分布；再基于学习到的模型，根据输入 X 求出使得后验概率最大的输出 Y。

设有样本数据集 $D = \{d_1, d_2, \cdots, d_n\}$，对应样本数据的特征属性集为 $X = \{x_1, x_2, \cdots, x_d\}$，类别变量为 $Y = \{y_1, y_2, \cdots, y_m\}$，即 D 可以分为 y_m 个类别。其中，$x_1, x_2, \cdots, x_d$ 相互独立且随机，则 Y 的先验概率 $P_{\text{prior}} = P(Y)$，Y 的后验概率 $P_{\text{post}} = P(Y|X)$，由朴素贝叶斯算法可得，后验概率可以由先验概率 $P_{\text{prior}} = P(Y)$、证据 $P(X)$、类别条件概率 $P(X|Y)$ 计算得到：

$$P(Y|X) = \frac{P(Y)P(X|Y)}{P(X)} \tag{6.6}$$

朴素贝叶斯基于各特征之间相互独立，在给定类别为 y 的情况下，式（6.6）可以进一步表示为

$$P(X|Y=y) = \prod_{i=1}^{d} P(x_i|Y=y) \tag{6.7}$$

由以上两式可以计算出后验概率：

$$P_{\text{post}} = P(Y|X) = \frac{P(Y)\prod_{i=1}^{d} P(x_i|Y)}{P(X)} \tag{6.8}$$

因为 $P(X)$ 的大小是固定不变的，所以在比较后验概率时，只比较式（6.8）的分子部分即可。因此可以得到一个样本数据属于类别 y_i 的朴素贝叶斯计算公式：

$$P(y_i|\alpha_1, x_2, \cdots, d_d) = \frac{P(U_i)\prod_{j=1}^{d} P(x_j|y_i)}{\prod_{j=1}^{d} P(x_j)} \tag{6.9}$$

6.1.3　朴素贝叶斯算法的类型

朴素贝叶斯算法有以下 3 种类型。

1．高斯朴素贝叶斯

当有连续的属性值时，假设与每个类别相关的值服从高斯分布或正态分布。例如，假设训练数据包含一个连续属性 x，首先按类别对数据进行划分，然后计算每个类别中 x 的均值和方差。

2．多项式朴素贝叶斯

在多项式朴素贝叶斯模型中，样本（特征向量）表示多项式 $p_1, p_2, \cdots, p_n$ 生成某些事件的频率，其中 p_i 是事件 i 发生的概率。多项式朴素贝叶斯算法更适用于服从多项式分布的数据。它是文本分类中使用的标准算法之一。

3．伯努利朴素贝叶斯

在多元伯努利事件模型中，特征是描述输入的独立布尔变量（二元变量）。与多项式朴素贝叶斯模型一样，该模型也适用于二进制词出现特征分类[一个词汇特征要么存在（1），要么不存在（0）]，而不适用于词频的文档分类。

6.2　实验数据

实验方法：朴素贝叶斯分类。

实验数据集：Adult DataSet。

实验目的：预测年收入是否超过 5 万美元。

6.2.1　准备数据

1．数据集介绍

本实验数据集 Adult DataSet 从美国 1994 年人口普查数据库中抽取而来，如表 6.1 所示，因此也称人口普查收入数据集，共包含 48842 条记录，年收入超过 5 万美元的占比为

23.93%，年收入没有超过 5 万美元的占比为 76.07%，该数据集已经被划分为 32561 条训练数据和 16281 条测试数据。该数据集的类别变量为年收入是否超过 5 万美元，属性变量包括年龄、工作类别、受教育程度、职业等 15 类重要信息，如表 6.2 所示。其中有 8 类属于类别离散型变量，另外 7 类属于数值连续型变量。该数据集是一个分类数据集，用来预测年收入是否超过 5 万美元。

表 6.1 Adult DataSet 数据集的基本情况

属性名	值
数据集特征	多变量
属性特征	类别型、整数型
相关应用	分类
记录数	48842
属性数目	14
缺失值	有
领域	社会
捐赠日期	1996-05-01
网站单击数	1059012（截至数据集建立时）

表 6.2 Adult DataSet 属性

属性名	类型	含义
age	continuous	年龄
workclass	discrete	工作类别
fnlwgt	continuous	序号
education	discrete	受教育程度
education_num	continuous	受教育时间
marital_status	discrete	婚姻状况
occupation	discrete	职业
relationship	discrete	社会角色
race	discrete	种族
sex	discrete	性别
capital_gain	continuous	资本收益
capital_loss	continuous	资本支出
hours_per_week	continuous	每周工作时间
native_country	discrete	国籍
income	continuous	收入

2. 数据集下载

加利福尼亚大学尔湾分校收集并公开了多个用于机器学习的数据集，如常见的马疝病数据集。Adult DataSet 也可以在其官网进行下载。

3. 导入数据集

导入数据集代码示例如下：

```
import numpy as np          #数学库
import pandas as pd         #数据处理、CSV 文件 I/O（如 pd.read_csv）
import matplotlib.pyplot as plt     #用于数据可视化
import seaborn as sns               #用于统计数据可视化


data='path/adult.csv'
df=pd.read_csv(data,header=None,sep=',\s')
```

6.2.2　分析数据

现在，查看数据集的相关信息以便对数据集中的数据进行分析。

```
#查看数据集的维度
df.shape
out:
    (32561,15)
```

可以看到，数据集中有 32561 个实例和 15 个属性。

```
#查看数据集的前 5 行
df.head()
0  1    2                    3    …    9      10      11    12  13    14
0 39 State-gov           77516 …    White  Male    2174   0  40    United-States
1 50 Self-emp-not-inc    83311 …    White  Male    0      0  13    United-States
2 38 Private             215646 …   White  Male    0      0  40    United-States
3 53 Private             234721 …   Black  Male    0      0  40    United-States
4 28 Private             338409 …   Black  Female 0      0  40    Cuba
#查看数据集的摘要
df.info()
    <class'pandas.core.frame.DataFrame'>RangeIndex:32561entries,
  0to32560Datacolumns(total15columns):
        age                32561 non-null int64
        workclass          32561 non-null object
        fnlwgt             32561 non-null int64
        education          32561 non-null object
        education_num      32561 non-null int64
        marital_status     32561 non-null object
        occupation         32561 non-null object
        relationship       32651 non-null object
        race               32561 non-null object
        sex                32561 non-null object
```

```
        capital_gain         32561 non-null int64
        capital_loss         32561 non-null int64
        hours_per_week       32561 non-null int64
        native_country       32561 non-null object
        income               32561 non-null object
        memory usage: 3.7+MB
        dtypes: int64(6), object(9)
```

可以看到，数据集中没有缺失值。下面进一步确认这一点。

```
#检查类别变量中的缺失值
df[categorical].isnull().sum()
out:
        workclass            0
        education            0
        marital_status       0
        occupation           0
        relationship         0
        race                 0
        sex                  0
        native_country       0
        income               0
        dtype:int64
```

可以看到，数据集中的类别属性并没有缺失值。

类别变量中的标签数量称为基数，变量中的大量标签称为高基数。高基数可能会给机器学习模型带来一些严重的问题，因此需要检查高基数。

```
#检查类别变量的基数
for var in categorical:
    print(var,'contains',len(df[var].unique()),'labels')
out:
    workclass contains 9 labels
    education contains 16 labels
    marital_status contains 7 labels
    occupation contains 15 labels
    relationship contains 6 labels
    race contains 5 labels
    sex contains 2 labels
    native_country contains 42 labels
    income contains 2 labels
```

可以看到，与其他列相比，native_country 列包含的标签数量相对较多。

6.2.3 处理数据

1. 数据集划分

将数据集划分为单独的训练集和测试集。

```
#将 X、y 分别分为训练集和测试集
from sklearn.model_selection import train_test_split
X_train,X_test,y_train,y_test=train_test_split(X,y,test_size=0.3,random_
state=0)
#检查 X_train 和 X_test 的形状
X_train.shape,X_test.shape
out:
((22792,14),(9769,14))
```

2. 特征工程

特征工程是将原始数据转换为有用特征的过程，可更好地理解模型并提高其预测能力。下面对不同类型的变量进行特征工程。

首先，分别显示类别变量和数值变量。

```
#检查 X_train 中的数据类型
X_train.dtypes
out:
    age                 int64
    workclass           object
    fnlwgt              int64
    education           object
    education_num       int64
    marital_status      object
    occupation          object
    relationship        object
    race                object
    sex                 object
    capital_gain        int64
    capital_loss        int64
    hours_per_week      int64
    native_country      object
    dtype:object
#显示类别变量
categorical=[colforcolinX_train.columnsifX_train[col].dtypes=='O']
    categoricalout: ['workclass',
    'education',
    'marital_status',
```

```
    'occupation',
    'relationship',
    'race',
    'sex','native_country']
#显示数值变量
numerical=[colforcolinX_train.columnsifX_train[col].dtypes!='O']
numerical
out:
    ['age',
    'fnlwgt',
    'education_num',
    'capital_gain',
    'capital_loss','hours_per_week']
```

作为最后的检查，检查 X_train 和 X_test 中的缺失值。

```
#checkmissingvaluesinX_train
X_train.isnull().sum()
out:
    age                    0
    workclass              0
    fnlwgt                 0
    education              0
    education_num          0
    marital_status         0
    occupation             0
    relationship           0
    race                   0
    sex                    0
    capital_gain           0
    capital_loss           0
    hours_per_week         0
    native_country         0
dtype:int64#checkmissingvaluesinX_test
X_test.isnull().sum()
out:
    age                    0
    workclass              0
    fnlwgt                 0
    education              0
    education_num          0
    marital_status         0
    occupation             0
```

```
relationship          0
race                  0
sex                   0
capital_gain          0
```

可以看到，X_train 和 X_test 中没有缺失值。

然后，编码类别变量。

```
import category_encoders as ce#导入类别编码器
#使用 One-Hot 编码对剩余变量进行编码
encoder=ce.OneHotEncoder(cols=['workclass','education','marital_status',
'occupation','relationship','race','sex','native_country'])
X_train=encoder.fit_transform(X_train)
X_test=encoder.transform(X_test)
X_train.head()
age workclass_1 workclass_2 workclass_3 workclass_4 ···
45          1           0           0           0      ···
47          0           1           0           0      ···
48          1           0           0           0      ···
29          1           0           0           0      ···
23          1           0           0           0      ···

5rows×105columns
```

3. 特征缩放

当数据集中的数值过大时，不利于计算机高效率地计算，因此可以对数值进行缩放。

```
X_test=pd.DataFrame(X_test,columns=[cols])cols=X_train.columns
from sklearn.preprocessing import RobustScaler
scaler=RobustScaler()
X_train=scaler.fit_transform(X_train)
X_test=scaler.transform(X_test)
X_train=pd.DataFrame(X_train,columns=[cols])
X_test=pd.DataFrame(X_test,columns=[cols])
X_train.head()
   age workclass_1 workclass_2 workclass_3 workclass_4 fnlwgt ···
0  0.40        0.0         0.0         0.0         0.0       ···
1  0.50       -1.0         1.0         0.0         0.0       ···
2  0.55        0.0         0.0         0.0         0.0       ···
3 -0.40        0.0         0.0         0.0         0.0       ···
4 -0.70        0.0         0.0         0.0                   ···
```

现在已经准备好将 X_train 数据集输入高斯朴素贝叶斯分类器中。

6.3 算法实战

6.3.1 算法构建

sklearn 中集成了贝叶斯的各种算法，此处给出高斯朴素贝叶斯的实现过程。

初始化：存储先验概率，训练集的均值、方差及标签的类别数量。

```
Class GaussianNB:
    def __init__(self):
        self.prior=None
        self.avgs=None
        self.vars=None
        self.n_class=None
```

计算先验概率：先通过 Python 自带的 Counter()方法计算每个类别的占比，再将结果存储到 NumPy 数组中。

```
def _get_prior(label:array)->array:
cnt=Counter(label)
prior=np.array([cnt[i]/len(label)for i in range(len(cnt))])
return prior
```

计算训练集的均值：对每个标签类别分别计算均值。

```
def_get_avgs(self,data:array,label:array)->array:
    retcurn np.array([data[label==i].mean(axis=0) for i in range(self.n_
class)])
```

计算训练集的方差：对每个标签类别分别计算方差。

```
def_get_vars(self,data:array,label:array)->array:
    return np.array([data[label==i].var(axis=0)for i in range(self.n_class)])
```

训练模型。

```
def fit(self,data:array,label:array):
  self.prior=self._get_prior(label)
  self.n_class=len(self.prior)
  self.avgs=self._get_avgs(data,label)
  self.vars=self._get_vars(data,label)
```

预测概率（prob）：用先验概率乘以似然度后，归一化得到每个标签的 prob。

```
def predict_prob(self,data:array)->array:
  likelihood=np.apply_along_axis(self._get_likelihood,axis=1,arr=data)
  probs=self.prior*likelihood
  probs_sum=probs.sum(axis=1)
  return probs/probs_sum[:,None]
```

预测标签：对于单个样本，取 prob 的最大值对应的类别就是标签的预测值。

```
def predict(self, data:array)->array:
    return self.predict_prob(data).argmax(axis=1)
```

6.3.2 训练测试数据

```
gnb=GaussianNB()                   #实例化模型
gnb.fit(X_train,y_train)           #拟合模型
out:
    GaussianNB(priors=None,var_smoothing=1e-09)
```

6.3.3 结果分析

1. 预测结果

```
y_pred=gnb.predict(X_test)
y_pred
out:
    array(['<=50K','<=50K','>50K',...,'>50K','<=50K','<=50K'],dtype='<U5')
```

2. 预测准确率

```
from sklearn.metrics import accuracy_score
print('Model accuracy score:{0:0.4f}'.format(accuracy_score(y_test,y_pred)))
out:
    Model accuracy score:0.8083
```

这里，y_test 是真实的类别标签，y_pred 是测试集中的预测类别标签。

3. 比较训练集和测试集的准确率

```
y_pred_train=gnb.predict(X_train)
y_pred_train
out:
    array(['>50K','<=50K','>50K',...,'<=50K','>50K','<=50K'],dtype='<U5')
    print('Training-set accuracy score:{0:0.4f}'.format(accuracy_score(y_
    train,y_pred_train)))
out:
    Training-set accuracy score:0.8067
```

可以看到，模型准确率得分为 0.8067。因此可以得出结论：高斯朴素贝叶斯分类模型在预测类别标签方面做得比较好。

6.4 本章小结

朴素贝叶斯模型发源于古典数学理论，有着坚实的数学基础，以及稳定的分类效率。

它对大规模数据集的训练和查询具有较快的速度，即使使用超大规模的训练集，针对每个项目通常也只会有相对较少的特征数，并且对项目的训练和分类也仅仅是特征概率的数学运算；对小规模的训练集表现很好，能处理多分类任务，适合增量式训练（可以实时地对新增的样本进行训练）；对缺失数据不太敏感，算法也比较简单，常用于文本分类。

本章详细介绍了朴素贝叶斯相关数学理论，并针对 Adult DataSet 使用朴素贝叶斯逐步实现了分类训练与预测。朴素贝叶斯分类器具有高度可扩展性，因此需要分类器的数量与机器学习问题中的变量（特征/预测器）呈线性关系的参数。但其也存在需要计算先验概率、分类决策存在错误率、对输入数据的表达形式很敏感、使用了样本属性独立性假设，以及样本属性有关联时其预测效果会变差等缺点。在学习了简单的机器学习模型后，第 7 章将继续深入研究与机器学习相关的回归算法。回归算法是机器学习中最常见、使用最广泛的一种算法。回归算法主要有线性回归和逻辑回归两种。

6.5 本章习题

1. 什么是朴素贝叶斯算法？

2. 简述高斯朴素贝叶斯算法。

3. 简述多项式朴素贝叶斯算法。

习题解析

4. 简述伯努利朴素贝叶斯算法。

5. 简述朴素贝叶斯算法的优/缺点。

6. 为什么属性独立性假设在实际情况中很难成立，但朴素贝叶斯仍能取得较好的效果？

7. 简述朴素贝叶斯算法的主要应用。

第 7 章

Logistic 回归

朱熹曾说过:"天下之理,只有一个,是与非而已,是便是是,非便是非。"在日常生活中,我们需要面对许多不同的事物,包括人、物品、事件等。如果我们的判别能力比较强,就能更准确地评估各种事物的性质和特点,并做出更明智、更正确的判断。因此,判别能力在个人的生活、工作及学习中起到了至关重要的作用。

Logistic 回归是一种有监督学习分类算法,用于预测和判别离散类的观测值,是用于解决二元分类问题的回归方法。它通过寻找最优参数来正确分类原始数据,经过分类算法将观测分为不同的类别。在我们成长和学习的过程中,正确判别在生活中扮演着非常重要的角色,可以帮助我们更好地解决问题,避免心理压力,帮助他人及避免混乱状态。在学习 Logistic 回归时,我们应不断地培养和提高自己的判别能力,以更好地应对生活中的各种挑战和问题。

在数据科学中,大约 70% 的问题属于分类问题,当数据科学家遇到一个新的分类问题时,他们想到的第一种算法可能就是 Logistic 回归。它是用于解决分类问题的最简单、直接和通用的分类算法之一。

7.1 Logistic 回归概述

本节主要介绍 Logistic 回归的基本概念,涉及 Logistic 回归常用的概念及相关的梯度下降算法,并通过一个实验展示 Logistic 回归在二分类问题上的性能。

7.1.1 基本概念

Logistic 回归(Logistic Regression,LR)其实是一个很有误导性的概念,虽然它的名字中带有"回归"两个字,但是它最擅长处理的是分类问题。Logistic 回归分类器适用于各项广义上的分类任务，如评论信息的正负情感分析（二分类）、用户点击率（二分类）、用户违约信息预测（二分类）、垃圾邮件检测（二分类）、疾病预测（二分类）、用户等级分类（多分类）等场景。本章主要讨论的是二分类问题。

7.1.2 Logistic 回归算法

本节主要介绍 Logistic 回归算法，首先介绍线性回归和 Logistic 回归的基本理论，然后讲解如何绘制决策边界并进行预测。

1. 线性回归

提到 Logistic 回归，就不得不提线性回归，Logistic 回归和线性回归同属于广义线性模型，Logistic 回归就是用线性回归模型的预测值拟合真实标签的对数概率分类算法。一个事件的概率是指该事件发生的概率与该事件不发生的概率之比，如果该事件发生的概率是 p，那么该事件的概率是 $\dfrac{p}{1-p}$，对数概率就是 $\log\dfrac{p}{1-p}$。

Logistic 回归和线性回归本质上都是得到一条直线，不同的是，线性回归的直线尽可能拟合输入变量 x 的分布，使得训练集中的样本点（样本中有很多样本点，事件发生的所有结果的集合称为样本集合，而每个结果称为样本点）到直线的距离最短；而 Logistic 回归的直线尽可能拟合决策边界，使得训练集中的样本点尽可能分开。

线性回归方程为

$$y = wx + b \tag{7.1}$$

其中，y 为因变量（回归系数）；x 为自变量（随机误差）。在机器学习中，y 是标签，x 是特征。

2. Sigmoid 函数

函数可以接收所有的输入，预测出类别。例如，在二分类情况下，函数能输出 0 或 1。拥有这类性质的函数称为赫维赛德阶跃函数（Heaviside Step Function），又称单位阶跃函数，如图 7.1 所示。

单位阶跃函数的问题在于：在 0 点位置，该函数从 0 瞬间跳跃到 1，这个瞬间跳跃过程很难处理（难以求导）。幸运的是，Sigmoid 函数也有类似的性质，且在数学上更容易处理。

Sigmoid 函数为

$$f(x) = \frac{1}{1 + e^{-x}} \tag{7.2}$$

图 7.2 给出了 Sigmoid 函数在不同坐标尺度下的两条曲线。当 x 为 0 时，Sigmoid 函数值为 0.5。随着 x 的增大，对应的 Sigmoid 函数值将逼近 1；而随着 x 的减小，Sigmoid 函数值将逼近 0。因此，Sigmoid 函数的值域为(0,1)。注意：这里是开区间，它仅无限逼近 0

和 1。如果横坐标刻度足够大，那么 Sigmoid 函数看起来就很像一个阶跃函数。

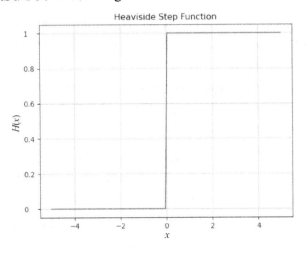

图 7.1 单位阶跃函数示意图

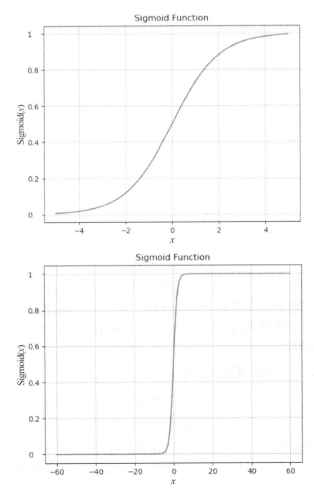

图 7.2 Sigmoid 函数示意图

3. Logistic 回归算法的原理

在统计学中，Logistic 回归模型是一种被广泛使用的统计模型，主要用于分类。这意味着，给定一组观测值，Logistic 回归算法可以将这些观测值分为两个或多个离散类。因此，目标变量本质上是离散的。

Logistic 回归算法的原理是实现一个具有独立变量或解释变量的线性方程来预测响应值。例如，考虑学习的小时数和通过考试的概率。这里研究的小时数是解释变量，用 X_1 表示；通过考试的概率是响应或目标变量，用 z 表示。

如果有一个解释变量 X_1 和一个响应变量 z，那么线性方程将通过以下方程在数学上给出：$z = \beta_0 + \beta_1 X_1$。这里，系数 β_0 和 β_1 是模型的参数。如果存在多个解释变量，则上述方程可以扩展为 $z = \beta_0 + \beta_1 X_1 + \beta_2 X_2 + \beta_3 X_3 + \cdots$。因此，预测响应值由上述方程给出，并用 z 表示。通过将线性模型和 Sigmoid 函数结合起来，可以得到 Logistic 回归的公式：

$$f(x) = \frac{1}{1 + e^{-(wx+b)}} \tag{7.3}$$

这样，y 的取值就是 $(0,1)$。

对式（7.3）进行变换，可得

$$\log \frac{y}{1+y} = wx + b \tag{7.4}$$

二项 Logistic 回归：

$$P(y = 0|x) = \frac{1}{1 + e^{w-x}} \tag{7.5}$$

多项 Logistic 回归：

$$P(y = 1|x) = \frac{e^{w-x}}{1 + e^{w-x}} \tag{7.6}$$

4. 决策边界

Sigmoid 函数返回一个介于 0 和 1 之间的概率值，并将该概率值映射为 0 或 1 的离散类。为了将该概率值映射为离散类（通过/失败、是/否、正确/错误），选择一个阈值，该阈值称为决策边界。当概率值高于此阈值时，将其映射到类 1 中；当概率值低于此阈值时，将其映射到类 0 中。

从数学上来讲，决策边界可以表示为

$$P \geqslant 0.5 \rightarrow \text{class}=1$$

$$P < 0.5 \rightarrow \text{class}=0$$

通常，将决策边界设置为 0.5。因此，如果概率值为 0.8（>0.5），就把这个概率值映射到类 1 中；类似地，如果概率值为 0.2（<0.5），就把这个概率值映射到类 0 中，如图 7.3 所示。

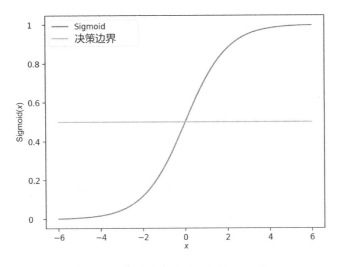

图 7.3 概率值映射（决策边界为 0.5）

5. 预测

了解了 Logistic 回归中的 Sigmoid 函数和决策边界后，可以利用 Sigmoid 函数和决策边界的知识来编写预测函数。Logistic 回归中的预测函数返回观测值为正、是或真的概率称为类 1，由 P 表示。如果概率更接近 1，就表示对此模型更有信心，即观测值在类 1 中，否则观测值在类 0 中。

7.1.3 梯度下降法

在机器学习算法中，在最小化损失函数时，可以通过梯度下降法来一步步地迭代求解，得到最小化损失函数和模型参数值。

在微/积分里面，对多元函数的参数求偏导数，把求得的各个参数的偏导数以向量的形式写出来就是梯度。例如，对于函数 $f(x,y)$，分别对 x 和 y 求偏导数，求得的梯度向量就是 $(\partial f/\partial x,\partial f/\partial y)^{\mathrm{T}}$，简称 $\mathrm{grad}\, f(x,y)$ 或 $\nabla f(x,y)$。对于点 (x_0,y_0) 处的具体梯度向量，就是 $(\partial f/\partial x_0,\partial f/\partial y_0)^{\mathrm{T}}$ 或 $\nabla f(x_0,y_0)$，如果是 3 个参数的向量梯度，就是 $(\partial f/\partial x_0,\partial f/\partial y_0,\partial f/\partial z_0)^{\mathrm{T}}$ 或 $\nabla f(x_0,y_0,z_0)$，依次类推。

1. 梯度下降的直观解释

首先来看梯度下降的一种直观解释。例如，在一座大山的某处，由于不知道怎么下山，于是决定走一步算一步，即每走到一个位置，就求解当前位置的梯度，沿着梯度的负方向，即当前最陡峭的位置向下走一步，并继续求解当前位置的梯度，从这一步所在位置沿着最陡峭且最易下山的位置走一步。这样一步步地走下去，一直到山脚。当然，这样走下去有可能不能走到山脚，而是走到某个局部的山峰低处，如图 7.4 所示。

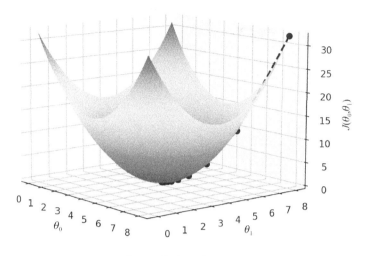

图 7.4　梯度下降示意图

从上面的解释可以看出，由梯度下降法不一定能够找到全局最优解，有可能是一个局部最优解。当然，如果损失函数是凸函数，那么由梯度下降法得到的解一定是全局最优解。

2. 梯度下降法分类

（1）批量梯度下降（BGD）法。

批量梯度下降法是梯度下降法最常用的形式，具体做法是在更新参数时使用所有样本进行更新：

$$\theta_i = \theta_i - \alpha \sum_{j=1}^{m} \left(h_\theta \left(x_0^{(j)}, x_1^{(j)}, \ldots, x_n^{(j)} \right) - y_j \right) x_i^{(j)} \tag{7.7}$$

由于有 m 个样本，因此这里求梯度时就使用了所有样本的梯度数据。

（2）随机梯度下降（SGD）法。

随机梯度下降法的原理其实和批量梯度下降法的原理类似，区别在于它求梯度时没有使用所有样本的梯度数据，而是仅仅选取一个样本 j 来求梯度。它对应的更新公式为

$$\theta_i = \theta_i - \alpha \left(h_\theta \left(x_0^{(j)}, x_1^{(j)}, \ldots, x_n^{(j)} \right) - y_j \right) x_i^{(j)} \tag{7.8}$$

批量梯度下降法和随机梯度下降法是两种极端，前者采用所有数据来实现梯度下降，后者采用一个样本来实现梯度下降，自然各自的优/缺点都非常突出。对训练速度来说，随机梯度下降法由于每次仅仅采用一个样本来迭代，因此训练速度很快；而批量梯度下降法在样本量很大时，训练速度难以让人满意。对准确率来说，随机梯度下降法仅仅用一个样本决定梯度方向，导致解很有可能不是局部最优解。对收敛速度来说，随机梯度下降法一次只迭代一个样本，导致迭代方向变化很大，不能很快收敛到局部最优解。但值得一提的是，随机梯度下降法在非凸函数优化的过程中有非常好的表现，由于其下降方向具有一定的随机性，因此能很好地绕开局部最优解，从而逼近全局最优解。

那么，有没有一种方法，能够结合上述两种方法的优点呢？下面的小批量梯度下降法

正是这种方法。

（3）小批量梯度下降（MBGD）法。

小批量梯度下降法是批量梯度下降法和随机梯度下降法的折中，即对于 m 个样本，采用 x 个样本来迭代，$1<x<m$，一般可以取 $x=10$。当然，根据样本的数据，可以调整 x 的值。它对应的更新公式为

$$\theta_i = \theta_i - \alpha \sum_{j=t}^{t+x-1} \left(h_\theta \left(x_0^{(j)}, x_1^{(j)}, \ldots, x_n^{(j)} \right) - y_j \right) x_i^{(j)} \tag{7.9}$$

小结：

（1）批量梯度下降法会获得全局最优解，缺点是在更新每个参数时需要遍历所有数据，计算量会很大，并且会有很多冗余计算，导致的结果是当数据量很大时，每个参数的更新速度会很慢。

（2）随机梯度下降法以高方差频繁更新，优点是会跳到新的和潜在更好的局部最优解，缺点是收敛到局部最优解的过程更加复杂。

（3）小批量梯度下降法结合了批量梯度下降法和随机梯度下降法的优点，每次更新时使用 x 个样本，减少了参数更新的次数，可以达到更加稳定的收敛结果，一般在深度学习中可以采用这种方法，将数据分批次送入模型进行训练。

3. 梯度下降算法的调优

（1）算法步长的选择。算法步长的选择实际上取决于数据样本，可以多取一些值，从大到小分别运行算法，查看迭代效果，如果损失函数在变小，就说明取值有效，否则增大步长。步长太大会导致迭代过快，甚至有可能错过最优解；步长太小，迭代速度太慢，算法很长时间都不能结束。因此，算法的步长只有在多次运行后才能得到一个较优值。

（2）算法参数初始值的选择。算法参数初始值不同，获得的最小值也有可能不同，因此梯度下降求得的只是局部最小值。当然，如果损失函数是凸函数，则求得的一定是全局最小值。由于它有求得局部最优解的风险，因此需要多次使用不同的参数初始值运行算法，得到损失函数的最小值，选择使损失函数最小化的参数初始值。

（3）标准化。由于样本不同，特征的取值范围不同，可能导致迭代很慢，因此，为了减小特征取值的影响，可以对特征数据进行标准化，即对于每个特征 x，求出它的期望和标准差 $\text{std}(x)$，并转化为

$$\frac{x - \bar{x}}{\text{std}(x)} \tag{7.10}$$

这样，特征的新期望为 0、新方差为 1，收敛速度可以大大加快。

7.2 Logistic 回归实战

本章结合前面的知识点，编程实现 Logistic 回归分类器，在给定数据集上预测基线一

年后疾病进展的定量测量值，即患病概率。

实验方法：Logistic 回归分类器。

实验数据集：Diabetes Data。

实验目的：预测基线一年后疾病进展的定量测量值。

7.2.1 准备数据

数据集的来源、下载及导入与 4.2.1 节一致。

7.2.2 分析数据

现在，查看数据集的相关信息以便对数据集中的数据进行分析。

```
#查看数据集的维度
df.shape
out:
    (768, 9)
```

可以看到，数据集中有 768 个实例和 9 个属性。

```
#查看数据集的前 5 行
df.head()
```

可以通过 df.head()查看数据集的前 5 行，这里为了方便，重新给出其可视图，如图 7.5 所示。

	Pregnancies	Glucose	BloodPressure	SkinThickness	Insulin	BMI	DiabetesPedigreeFunction	Age	Outcome
0	6	148	72	35	0	33.6	0.627	50	1
1	1	85	66	29	0	26.6	0.351	31	0
2	8	183	64	0	0	23.3	0.672	32	1
3	1	89	66	23	94	28.1	0.167	21	0
4	0	137	40	35	108	43.1	2.288	33	1

图 7.5 数据集的前 5 行可视图

```
#查看数据集摘要
df.info()
out:
    <class 'pandas.core.frame.DataFrame'>
    RangeIndex: 768 entries, 0 to 767
    Data columns (total 9 columns):
    Column  Non-Null Count  Dtype
    ---  ------  --------------  -----
    0  6       768 non-null    int64
    1  148     768 non-null    int64
```

```
2   72        768 non-null     int64
3   35        768 non-null     int64
4   0         768 non-null     int64
5   33.6      768 non-null     float64
6   0.627     768 non-null     float64
7   50        768 non-null     int64
8   1         768 non-null     int64
dtypes: float64(2), int64(7)
memory usage: 54.1 KB
```

```
#检查类别变量中的缺失值
categorical = [var for var in df.columns if df[var].dtype=='O']
print('There are {} categorical variables\n'.format(len(categorical)))
print('The categorical variables are :', categorical)
df[categorical].isnull().sum()
out:
    There are 0 categorical variables
    The categorical variables are : []
    Series([], dtype: float64)
```

7.2.3 处理数据

对数据集进行划分，其中，691 个样本作为训练集，77 个样本作为测试集。

```
#对数据集进行划分
import random
def randSplit(dataSet, rate):
    l = list(dataSet.index)                  #提取索引
    random.shuffle(l)                        #随机打乱索引
    dataSet.index = l                        #将打乱的索引重新赋值给原始数据集
    n = dataSet.shape[0]                     #总行数
    m = int(n * rate)                        #训练集的数量
    train = dataSet.loc[range(m), :]         #提取前 m 个记录作为训练集
    test = dataSet.loc[range(m, n), :]       #剩下的记录作为测试集
    dataSet.index = range(dataSet.shape[0])  #更新原始数据集的索引
    test.index = range(test.shape[0])        #更新测试集的索引
    return train, test
```

划分后的训练集和测试集如下。

```
train,test = randSplit(df,0.9)
train.shape,test.shape
out:
((691, 9), (77, 9))
```

7.3 算法实战

7.3.1 算法构建

1. 使用批量梯度下降法求解 Logistic 回归

批量梯度下降法的伪代码如下。

(1) 将每个回归系数都初始化为 1。
(2) 重复步骤（3）～步骤（5），直至收敛。
(3) 计算整个数据集的梯度。
(4) 使用 alpha*gradient 更新回归系数的向量。
(5) 返回回归系数。

Sigmoid 函数的实现代码如下。

```
""" Sigmoid 函数
函数功能：计算 Sigmoid 函数值
参数说明：
inX——数值型数据
返回：
s——经过 Sigmoid 函数计算后的函数值 """
def sigmoid(inX): #定义 Sigmoid 函数
    s = 1/(1+np.exp(-inX))
    return s
#标准化函数：
"""
函数功能：标准化（期望为 0，方差为 1）
参数说明：
xMat——特征矩阵
返回：
inMat——标准化之后的特征矩阵
"""
def regularize(xMat):
    inMat = xMat.copy()
    inMeans = np.mean(inMat,axis = 0)
    inVar = np.std(inMat,axis = 0)
    inMat = (inMat - inMeans)/inVar
    return inMat
```

批量梯度下降算法的实现代码如下。

```
"""
函数功能：使用批量梯度下降法求解 Logistic 回归
参数说明：
dataSet——DF 数据集
```

```
alpha——步长
maxCycles——最大迭代次数
返回:
weights——各特征权重值
"""
def BGD_LR(dataSet,alpha=0.001,maxCycles=500):
    xMat = np.mat(dataSet.iloc[:,:-1].values)
    yMat = np.mat(dataSet.iloc[:,-1].values).T
    xMat = regularize(xMat)
    m,n = xMat.shape
 for i in range(maxCycles):
        grad = xMat.T*(xMat * weights-yMat)/m
        weights = weights -alpha*grad
    return weights
```

将上述过程封装为函数,方便后续调用。

```
"""
函数功能:计算准确率
参数说明:
dataSet——DF 数据集
method——计算权重函数
alpha——步长
maxCycles——最大迭代次数
返回:
trainAcc——模型预测准确率
"""
def logisticAcc(dataSet, method, alpha=0.01, maxCycles=500):
    weights = method(dataSet,alpha=alpha,maxCycles=maxCycles)
    p = sigmoid(xMat * ws).A.flatten()
    for i, j in enumerate(p):
        if j < 0.5:
            p[i] = 0
        else:
            p[i] = 1
    train_error = (np.fabs(yMat.A.flatten() - p)).sum()
    trainAcc = 1 - train_error / yMat.shape[0]
    return trainAcc
```

2. 使用随机梯度下降法求解 Logistic 回归

随机梯度下降法的伪代码如下。

(1)将每个回归系数都初始化为 1。

(2)对数据集中每个样本进行以下处理。

① 计算该样本的梯度。

② 使用 alpha*gradient 更新回归系数。

③ 返回回归系数。

示例代码如下。

```
"""
函数功能：使用随机梯度下降法求解 Logistic 回归
参数说明：
dataSet——DF 数据集
alpha——步长
maxCycles——最大迭代次数
返回：
weights——各特征权重值
"""
def SGD_LR(dataSet,alpha=0.001,maxCycles=500):
    dataSet = dataSet.sample(maxCycles, replace=True)
    dataSet.index = range(dataSet.shape[0])
    xMat = np.mat(dataSet.iloc[:, :-1].values)
    yMat = np.mat(dataSet.iloc[:, -1].values).T
    xMat = regularize(xMat)
    m, n = xMat.shape
    weights = np.zeros((n,1))
    for i in range(m):
        grad = xMat[i].T * (xMat[i] * weights - yMat[i])
        weights = weights - alpha * grad
    return weights
```

7.3.2　定义分类函数

得到训练集和测试集之后，可以利用前面的 BGD_LR()或 SGD_LR()函数得到训练集的 weights。定义一个分类函数，根据 Sigmoid 函数返回的值确定 y 是 0 还是 1。

```
"""
函数功能：给定测试数据和权重，返回标签类别
参数说明：
inX——测试数据
weights——各特征权重值
def classify(inX,weights):
    p = sigmoid(sum(inX * weights))
    if p < 0.5:
        return 0
    else:
        return 1
```

7.3.3　预测测试集并计算准确率

接下来，构建针对本实验数据集的分类器，上面已经将原始数据集划分成了训练集和

测试集，因此函数的输入参数就可以是 train、test、alpha 和 maxCycles。

```
"""
函数功能：logistic 分类模型
参数说明：
train——测试集
test——训练集
alpha——步长
maxCycles——最大迭代次数
返回：
retest——预测好标签的测试集
"""
def get_acc(train,test,alpha=0.001, maxCycles=5000):
    weights = SGD_LR(train,alpha=alpha,maxCycles=maxCycles)
    xMat = np.mat(test.iloc[:, :-1].values)
    xMat = regularize(xMat)
    result = []
    for inX in xMat:
        label = classify(inX,weights)
        result.append(label)
    retest=test.copy()
    retest['predict']=result
    acc = (retest.iloc[:,-1]==retest.iloc[:,-2]).mean()
    print(f'模型准确率为：{acc}')
    return retest
```

7.3.4　结果分析

1. 预测准确率

预测准确率代码如下。

```
get_acc(train, test, alpha=0.001, maxCycles=5000)
#out:模型预测准确率为 0.7922077922077922
```

调用 get_acc() 函数后，判断是否患糖尿病的预测准确率达到 0.79（约数）。

2. 预测结果

测试集的预测情况如图 7.6 所示。

对比 Outcome 和 predict 两列属性值，若两者一致，则表明预测正确，否则表明预测错误。

	Pregnancies	Glucose	BloodPressure	SkinThickness	Insulin	BMI	DiabetesPedigreeFunction	Age	Outcome	predict
0	7	150	78	29	126	35.2	0.692	54	1	1
1	0	129	80	0	0	31.2	0.703	29	0	1
2	0	188	82	14	185	32.0	0.682	22	1	1
3	5	158	84	41	210	39.4	0.395	29	1	1
4	2	109	92	0	0	42.7	0.845	54	0	1
...	...	...	...	...	...	...	...	...	...	...
72	0	91	80	0	0	32.4	0.601	27	0	0
73	2	108	80	0	0	27.0	0.259	52	1	0
74	1	130	70	13	105	25.9	0.472	22	0	0
75	1	125	70	24	110	24.3	0.221	25	0	0
76	3	102	44	20	94	30.8	0.400	26	0	0

77 rows × 10 columns

图 7.6 测试集的预测情况

7.4 本章小结

Logistic 回归的目的是寻求一个非线性函数 Sigmoid 的最佳拟合参数,求解过程可以由最优化算法来完成。在最优化算法中,最常用的就是梯度下降法,而梯度下降法又包含批量梯度下降法、随机梯度下降法、小批量梯度下降法。本章构造了 Logistic 分类器模型并应用于真实案例进行分类预测。第 8 章将介绍与 Logistic 回归类似的另一种分类算法:支持向量机。它被认为是目前最好的算法之一。

7.5 本章习题

1. 简述 Logistic 回归及其基本原理。
2. Logistic 回归有哪些应用?
3. 梯度下降法有哪几种?概述每种梯度下降法。
4. 简述 Logistic 回归的优化方法。
5. Logistic 回归用梯度下降法进行优化,步长(学习率)对结果有什么影响?

习题解析

第 **8** 章

支持向量机

学而思行

在《孙子兵法·兵势篇》中有这样一段话：“凡治众如治寡，分数是也；斗众如斗寡，形名是也。”在这段兵法中，强调了将领需要善于运用分散敌军，各个击破的战术，这也是“分而治之，各个击破”的兵法的核心思想。这告诉我们在面对难题时，可以采取将问题划分为多个部分，逐个解决，降低解决问题的难度及成本。

支持向量机的思想是通过构建超平面、计算间隔、最大化间隔、确定支持向量和确定决策边界的方式，以此来实现对二元分类问题的划分。也就是说，把一个复杂的整体问题按一定的划分方法分为等价的规模较小的若干部分，逐个解决，并把各部分的解合并在一起，得到原问题的解。通过相应的练习可以培养自己在解决实际问题时，根据具体情况选择合适的问题划分方法和策略的能力，提升思维的多样性、灵活性和创新性。

支持向量机（Support Vector Machines，SVM）是一种二分类模型。它的基本模型是定义在特征空间上的间隔最大的线性分类器。它与感知机不同，感知机追求最大限度地正确划分，最小化错误，很容易造成过拟合。支持向量机在追求大致正确分类的同时，在一定程度上避免了过拟合。核技巧使它成为实质上的非线性分类器。间隔最大化是支持向量机的学习策略，可以把它看作一个凸二次规划问题，等价于正则化的合页损失函数的最小化问题。支持向量机的学习算法是求解凸二次规划问题的最优化算法。

8.1 支持向量机算法思想

8.1.1 算法原理

支持向量机是一种用于分类的算法，属于有监督学习的范畴。下面通过直观的图示开始学习，场景图（见图 8.1）的顺序从左往右、从上往下。场景一：黑、灰两种颜色的球有规律地分布在两边，用一条线分离它们，要求尽量在放更多的球之后，该线仍然能够分开两种颜色的球。场景二：出现了更多的球，有一个灰球"站错了阵营"。

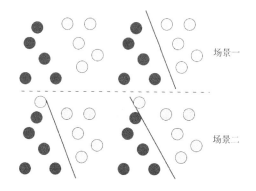

图 8.1　黑、灰球分类场景图

场景三：球的位置不再有序地分布在两边，更加混乱无序。现在无法用一条直线将黑、灰两种颜色的球分开，需要想其他办法。这时需要将球从平面分离到空间，将一张纸插到两种颜色的球中间。现在从另一个角度看这些球，这些球像是被一条曲线分开了。黑、灰球空间分割场景图如图 8.2 所示，其他角度展示图如图 8.3 所示。

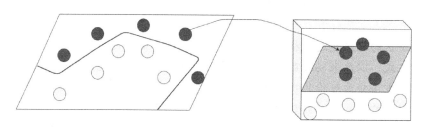

图 8.2　黑、灰球空间分割场景图

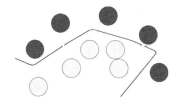

图 8.3　黑、灰球其他角度展示图

其中，两种颜色的球叫作"data"，分割线叫作"classifier"，最大间隙 trick 叫作"optimization"，让球从平面分离叫作"kernelling"，用于隔离的纸叫作"hyperplane"。

对于分类问题，如果数据是线性可分的（Linearly Separable），那么用一条直线便可将数据分开，此时只要让数据位于距离直线的距离最大化的位置即可，寻找这个最大间隔的过程就叫作最优化。但是，现实中的数据往往是线性不可分的，即找不到一条直线将两种颜色的球很好地分开。此时，就需要将球从平面映射到空间，用纸来代替直线，在空间将两种颜色的球分开。想要让数据映射到空间，需要使用核函数，用于切分球的纸就是超平面（Hyperplane）。如果数据集是 N 维的，那么超平面就是 N-1 维的。支持向量机二分类示意图如图 8.4 所示。

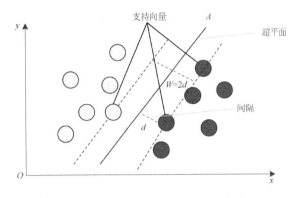

图 8.4 支持向量机二分类示意图

要想找到一个正确划分数据集的超平面，可能存在多种情况（见图 8.5）。支持向量机要寻找的最优解是具有最大间隔的超平面，而这个真正的最优解对应的两侧虚线所穿过的样本点就是支持向量机中的支持样本点，称为支持向量（Support Vector）。支持向量到超平面的距离称为间隔（Margin）。

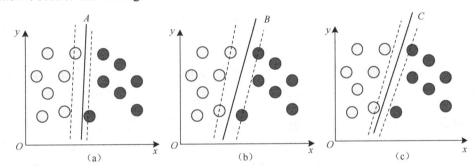

图 8.5 支持向量机超平面位置示意图

8.1.2 算法流程

一个最优化问题通常有两个最基本的因素：目标函数、优化对象。

在线性支持向量机算法中，目标函数是间隔，而优化对象则是超平面。接下来以线性可分的二分类问题为例进行讲解。

1. 超平面方程

在线性可分的二分类问题中，超平面可以看作下面公式所代表的一条直线：

$$y = ax + b \tag{8.1}$$

现在在此基础上做一点改变，令原来的 x 轴变成 x_1 轴、y 轴变成 x_2 轴，此时式（8.1）

变为

$$x_2 = ax_1 + b \tag{8.2}$$

$$ax_1 + (-1)x_2 + b = 0 \tag{8.3}$$

其向量形式可以写为

$$[a, -1]\begin{bmatrix} x_1 \\ x_2 \end{bmatrix} + b = 0 \tag{8.4}$$

进一步可表示为

$$\boldsymbol{\omega}^{\mathrm{T}}\boldsymbol{x} + b = 0 \tag{8.5}$$

其中，$\boldsymbol{\omega} = [a, -1]^{\mathrm{T}}$；$\boldsymbol{x} = [x_1, x_2]^{\mathrm{T}}$；$b$ 是截距，直线的位置由它决定。一般情况下，默认所提到的向量都是列向量，因此这里对 $\boldsymbol{\omega}$ 进行了转置。这样，直线与向量 $\boldsymbol{\omega}$ 就是相互垂直的，也可以理解为直线的方向由 $\boldsymbol{\omega}$ 控制。

2. 间隔计算

间隔其实就是点到直线的距离，目前，点到直线的距离推导公式有多种推导方法。本书采用向量法：

$$d = \frac{\left|\boldsymbol{\omega}^{\mathrm{T}}\boldsymbol{x} + b\right|}{\|\boldsymbol{\omega}\|} \tag{8.6}$$

其中，$\|\boldsymbol{\omega}\|$ 是向量 $\boldsymbol{\omega}$ 的模，令 $\boldsymbol{\omega} = [\omega_1, \omega_2]^{\mathrm{T}}$，则有 $\|\boldsymbol{\omega}\| = \sqrt{\omega_1^2 + \omega_2^2}$，表示在空间中向量的长度；$\boldsymbol{x} = [x_1, x_2]^{\mathrm{T}}$ 表示支持向量样本点的坐标。$\boldsymbol{\omega}$ 和 b 就是超平面方程的参数。

间隔计算的目的是找出一个能准确划分数据的超平面作为分类器。而分类间隔 $W = 2d$ 的大小则是决定分类器效果评定的基础，即分类间隔 W 越大，就认为这个超平面的分类效果越好，而寻求分类间隔 W 的最大化就要找到 d 的极限。现在，目标函数的数学形式已经找到了，但需要解决的问题还有很多。

3. 约束条件

虽然找到了目标函数，但是还有以下 3 个问题需要解决。

（1）如何判断一条直线能够将所有样本点都正确分类。

（2）超平面的位置应该在间隔区域的中轴线上，因此用来确定超平面位置的参数 b 无法随意取值。

（3）对于一个给定的超平面，如何找到对应的支持向量来计算 d。

上述 3 个问题称为约束条件，是对被调整函数的取值范围做出的约束与限定。既然确实具有限制，那么必须用几何方式对它加以说明。这里要讲解的是在支持向量机中，如何利用几个小技巧把一些约束条件转化为一些不等式。

如图 8.6 所示，在平面空间中有黑、灰两种样本，分别对其进行标记：黑色样本为正样本，标记为+1；灰色样本为负样本，标记为-1。

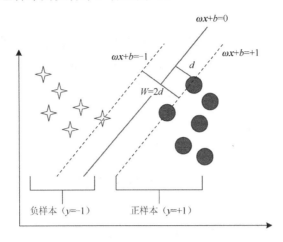

图 8.6　超平面约束条件示意图

对每个样本点给予类别标签，有以下几种情况。

如果想要超平面能够完全将黑、灰色两种样本点分开，则有

$$y_i = \begin{cases} +1, & \text{黑色} \\ -1, & \text{灰色} \end{cases} \tag{8.7}$$

$$\begin{cases} |\boldsymbol{\omega}^{\mathrm{T}}\boldsymbol{x}+b| > 0, & y_i = +1 \\ |\boldsymbol{\omega}^{\mathrm{T}}\boldsymbol{x}+b| < 0, & y_i = -1 \end{cases} \tag{8.8}$$

如果需要加一点更高的要求，假设超平面正好处于间隔区域的中轴线上，并且相应支持向量到超平面的距离为 d，则式（8.8）可进一步写为

$$\begin{cases} \dfrac{|\boldsymbol{\omega}^{\mathrm{T}}\boldsymbol{x}+b|}{\|\boldsymbol{\omega}\|} \geqslant d, & \forall y_i = +1 \\[2ex] \dfrac{|\boldsymbol{\omega}^{\mathrm{T}}\boldsymbol{x}+b|}{\|\boldsymbol{\omega}\|} \leqslant -d, & \forall y_i = -1 \end{cases} \tag{8.9}$$

其中，符号 $\forall$ 的含义是"对于所有满足条件的"，即表示"任意一个"的意思。对式（8.9）两边同时除以 d，可得

$$\begin{cases} \dfrac{|\boldsymbol{\omega}^{\mathrm{T}}\boldsymbol{x}+b|}{\|\boldsymbol{\omega}_d\|} \geqslant 1, & \forall y_i = +1 \\[2ex] \dfrac{|\boldsymbol{\omega}^{\mathrm{T}}\boldsymbol{x}+b|}{\|\boldsymbol{\omega}_d\|} \leqslant -1, & \forall y_i = -1 \end{cases} \tag{8.10}$$

其中

$$\boldsymbol{\omega}_d = \frac{\boldsymbol{\omega}}{\|\boldsymbol{\omega}\| d} \tag{8.11}$$

因为$\|\boldsymbol{\omega}\|$和 d 都是标量，所以式（8.11）中的两个向量依然描述一条直线的法向量和截距。因此下面两个式子都用于描述一条直线，数学模型代表的意义是一样的：

$$\begin{aligned} \boldsymbol{\omega}_d^{\mathrm{T}} \boldsymbol{x} + b_d &= 0 \\ \boldsymbol{\omega}^{\mathrm{T}} \boldsymbol{x} + b &= 0 \\ b_d &= \frac{b}{\|\boldsymbol{\omega}\| d} \end{aligned} \tag{8.12}$$

现在，给$\boldsymbol{\omega}_d$和b_d重新起个名字，即$\boldsymbol{\omega}$和b，可得到

$$\begin{cases} \boldsymbol{\omega}^{\mathrm{T}} x_i + b \geqslant 1, & \forall y_i = +1 \\ \boldsymbol{\omega}^{\mathrm{T}} x_i + b \leqslant -1, & \forall y_i = -1 \end{cases} \tag{8.13}$$

式（8.13）就是支持向量机最优化问题的约束条件。由于标签定义为+1 和-1，因此此处可以将上述方程糅合成一个约束方程：

$$y_i \left(\boldsymbol{\omega}^{\mathrm{T}} x_i + b \right) \geqslant 1, \quad \forall x_i \tag{8.14}$$

4. 最优化问题

对于公式$\boldsymbol{\omega}^{\mathrm{T}} x_i + b = 1$或$\boldsymbol{\omega}^{\mathrm{T}} x_i + b = -1$，参考式（8.10）可知，只有当$x_i$是超平面的支持向量时，等于 1 或-1 的情况才会出现。无论等于 1 还是-1，对于式（8.10），都有$\left| \boldsymbol{\omega}^{\mathrm{T}} x_i + b \right| = 1$，因此，对这些支持向量来说，有

$$d = \frac{\left| \boldsymbol{\omega}^{\mathrm{T}} x_i + b \right|}{\|\boldsymbol{\omega}\|} = \frac{1}{\|\boldsymbol{\omega}\|}, \quad \forall x_i \tag{8.15}$$

原来的任务是找到一组参数$\boldsymbol{\omega}$和b，使得分类间隔$W = 2d$ 最大，根据式（8.15）就可以转变为$\|\boldsymbol{\omega}\|$的最小化问题，等效于$\frac{1}{2}\|\boldsymbol{\omega}\|^2$ 的最小化问题。之所以要在$\|\boldsymbol{\omega}\|$上加上平方和$\frac{1}{2}$ 的系数，是为了以后在进行最优化的过程中，对目标函数求导比较方便，并不影响最优化问题的解。

因此，线性支持向量机最优化问题的数学描述为

$$\begin{aligned} &\min_{\boldsymbol{\omega}, b} \frac{1}{2} \|\boldsymbol{\omega}\|^2 \\ &\text{s.t. } y_i \left(\boldsymbol{\omega}^{\mathrm{T}} x_i + b \right) \geqslant 1, \quad i = 1, 2, \cdots, n \end{aligned} \tag{8.16}$$

其中，n 是样本点的总数；缩写 s.t.表示"subject to"，是"服从某条件"的意思。

式（8.13）描述的是一个典型的不等式约束条件下的二次型函数优化问题，也是支持

向量机的基本数学模型。

（1）问题求解。

通常需要求解的最优化问题有如下几类。

第一类：无约束优化问题，可以写为

$$\min f(x) \tag{8.17}$$

第二类：有等式约束的优化问题，可以写为

$$\min f(x)$$
$$\text{s.t. } h_i(x) = 0, \quad i = 1, 2, \cdots, n \tag{8.18}$$

第三类：有不等式约束的优化问题，可以写为

$$\min f(x)$$
$$\text{s.t. } g_i(x) \leqslant 0, \quad i = 1, 2, \cdots, n$$
$$h_j(x) = 0, \quad j = 1, 2, \cdots, m \tag{8.19}$$

对于第一类优化问题，尝试使用的求解方法就是费马大定理，即先求取函数 $f(x)$ 的导数；然后令其为零，可以求得候选值；最后在这些候选值中进行验证，如果是凸函数，则可以保证是最优解。

对于第二类优化问题，常常使用的求解方法就是拉格朗日乘子法（Lagrange Multiplier），即把等式约束用一个系数与 $f(x)$ 写为一个式子，称为拉格朗日函数，而这个系数称为拉格朗日乘子。通过拉格朗日函数对各个变量求导，令其为零，可以求得候选值集合，验证求得最优解。

对于第三类优化问题，常常使用的求解方法就是 KKT 条件（Karush-Kuhn-Tucker Conditions）。同样，把所有等式、不等式约束与 $f(x)$ 写为一个式子，它也叫拉格朗日函数，系数也称为拉格朗日乘子，通过一些条件，可以求出最优解的必要条件，这个条件称为 KKT 条件。

对于支持向量机最优化的问题属于第三类优化问题。

（2）拉格朗日函数。

首先，从宏观的视野上了解一下拉格朗日对偶问题出现的原因和背景，知道要求解的是最小化问题，因此一个直观的想法是如果能构造一个函数，使得该函数在可行解区域内与原始目标函数完全一致，而在可行解区域外的数值非常大，甚至无穷大，那么这个没有约束条件的新目标函数的优化问题就与有约束条件的原始目标函数的优化问题是等价的。这就是使用拉格朗日函数的目的，它将约束条件放到原始目标函数中，从而将有约束的优化问题转换为无约束的优化问题。

但是，对拉格朗日函数直接使用求导的方式进行求解仍然很困难，于是便有了拉格朗日对偶的诞生。因此，显而易见的是，在拉格朗日优化问题上，需要完成下面两个步骤：将有约束的原始目标函数转化为无约束的新构造的拉格朗日目标函数，使用拉格朗日对偶将不易求解的优化问题转化为易求解的优化问题。

下面讲解如何将有约束的原始目标函数转化为无约束的新构造的拉格朗日目标函数。

原始目标函数为式（8.16），新构造的目标函数为

$$L(\boldsymbol{\omega},b,\boldsymbol{\alpha})=\frac{1}{2}\|\boldsymbol{\omega}\|^2-\sum_{i=1}^{n}\alpha_i\left(y_i\left(\boldsymbol{\omega}^{\mathrm{T}}\boldsymbol{x}_i+b\right)-1\right) \tag{8.20}$$

其中，$\boldsymbol{\alpha}$ 是拉格朗日乘子，且 $\alpha_i \geqslant 0$，它是人为设定的参数。

最终目标是追求 $\frac{1}{2}\|\boldsymbol{\omega}\|^2$ 的最小化，又因为

$$\begin{aligned}&\alpha_i \geqslant 0\\&y_i\left(\boldsymbol{\omega}^{\mathrm{T}}\boldsymbol{x}_i+b\right)\geqslant 1\\&y_i\left(\boldsymbol{\omega}^{\mathrm{T}}\boldsymbol{x}_i+b\right)-1\geqslant 0\\&\sum_{i=1}^{n}\alpha_i\left(y_i\left(\boldsymbol{\omega}^{\mathrm{T}}\boldsymbol{x}_i+b\right)-1\right)\geqslant 0\end{aligned} \tag{8.21}$$

所以新构造的拉格朗日目标函数为

$$\min_{\boldsymbol{\omega},b}\left[\max_{\alpha:\alpha_j\geqslant 0}L(\boldsymbol{\omega},b,\boldsymbol{\alpha})\right] \tag{8.22}$$

下面求解拉格朗日对偶函数，求解出来的值就是最优化问题的结果，即可以得到的最大间隔。

（3）对偶问题的求解。

根据式（8.20）求 $\min_{\boldsymbol{\omega},b}L(\boldsymbol{\omega},b,\boldsymbol{\alpha})$：

$$\min_{\boldsymbol{\omega},b}L(\boldsymbol{\omega},b,\boldsymbol{\alpha})=\min_{\boldsymbol{\omega},b}\left[\frac{1}{2}\|\boldsymbol{\omega}\|^2-\sum_{i=1}^{n}\alpha_i\left(y_i\left(\boldsymbol{\omega}^{\mathrm{T}}\boldsymbol{x}_i+b\right)-1\right)\right] \tag{8.23}$$

分别令函数 $L(\boldsymbol{\omega},b,\boldsymbol{\alpha})$ 对 $\boldsymbol{\omega}$ 和 b 求偏导数，并使其等于 0，可得

$$\frac{\partial L}{\partial \boldsymbol{\omega}}=0\Rightarrow\boldsymbol{\omega}=\sum_{i=1}^{n}\alpha_i y_i x_i \tag{8.24}$$

$$\frac{\partial L}{\partial b}=0\Rightarrow\sum_{i=1}^{n}\alpha_i y_i=0 \tag{8.25}$$

将式（8.23）和式（8.24）代入式（8.20），可得

$$
\begin{aligned}
L(\boldsymbol{\omega},b,\boldsymbol{\alpha}) &= \frac{1}{2}\|\boldsymbol{\omega}\|^2 - \sum_{i=1}^{n}\alpha_i\left[y_i(\boldsymbol{\omega}^{\mathrm{T}}\boldsymbol{x}_i+b)-1\right] \\
&= \frac{1}{2}\boldsymbol{\omega}^{\mathrm{T}}\boldsymbol{\omega} - \boldsymbol{\omega}^{\mathrm{T}}\sum_{i=1}^{n}\alpha_i y_i \boldsymbol{x}_i - b\sum_{i=1}^{n}\alpha_i y_i + \sum_{i=1}^{n}\alpha_i \\
&= \frac{1}{2}\boldsymbol{\omega}^{\mathrm{T}}\sum_{i=1}^{n}\alpha_i y_i \boldsymbol{x}_i - \boldsymbol{\omega}^{\mathrm{T}}\sum_{i=1}^{n}\alpha_i y_i \boldsymbol{x}_i - b\times 0 + \sum_{i=1}^{n}\alpha_i \\
&= \sum_{i=1}^{n}\alpha_i - \frac{1}{2}\boldsymbol{\omega}^{\mathrm{T}}\sum_{i=1}^{n}\alpha_i y_i \boldsymbol{x}_i \\
&= \sum_{i=1}^{n}\alpha_i - \frac{1}{2}\left(\sum_{i=1}^{n}\alpha_i y_i \boldsymbol{x}_i\right)^{\mathrm{T}}\sum_{i=1}^{n}\alpha_i y_i \boldsymbol{x}_i \\
&= \sum_{i=1}^{n}\alpha_i - \frac{1}{2}\sum_{i,j=1}^{n}\alpha_i\alpha_j y_i y_j \boldsymbol{x}_i^{\mathrm{T}}\boldsymbol{x}_j
\end{aligned}
\tag{8.26}
$$

可以看出，此时的 $L(\boldsymbol{\omega},b,\boldsymbol{\alpha})$ 函数只含有一个变量，即 α_i。

现在内侧的最小值求解完成，下面求解外侧的最大值，由上面的式子可得

$$
\max_{\boldsymbol{\alpha}:\alpha_j\geqslant 0}\left[\min_{\boldsymbol{\omega},b}L(\boldsymbol{\omega},b,\boldsymbol{\alpha})\right] = \max_{\boldsymbol{\alpha}}\left[\sum_{i=1}^{n}\alpha_i - \frac{1}{2}\sum_{i,j=1}^{n}\alpha_i\alpha_j y_i y_j \boldsymbol{x}_i^{\mathrm{T}}\boldsymbol{x}_j\right]
$$
$$
\text{s.t.}\ \ \alpha_i\geqslant 0,\ \ i=1,2,\cdots,n
\tag{8.27}
$$
$$
\sum_{i=1}^{n}\alpha_i y_i = 0
$$

现在优化问题变成了如式（8.27）所示的形式。但是这里有一个假设：数据必须 100% 线性可分，而几乎所有数据都不那么"干净"。这时就可以通过引入所谓的松弛变量 C 来允许有些数据点可以处于超平面的错误的一侧。此时，目标函数不变，约束条件变为

$$
\text{s.t.}\ \ C\geqslant \alpha_i\geqslant 0,\ \ i=1,2,\cdots,n
$$
$$
\sum_{i=1}^{n}\alpha_i y_i = 0
\tag{8.28}
$$

为什么要费这么大力气把优化问题转化成这样呢？实际上，这样做是为了使用高效优化算法——SMO 算法。

8.1.3 SMO 算法

1. 工作原理

SMO 算法就是序列最小优化（Sequential Minimal Optimization）算法，它是由 John Platt 于 1996 年发布的专门用于训练支持向量机的强大算法。SMO 算法的目的是将大优化问题分解为多个小优化问题来求解。这些小优化问题往往很容易求解，并且对它们进行顺序求解的结果与将它们作为整体进行求解的结果是完全一致的。在结果完全相同的同时，SMO 算法的求解时间短很多。

SMO 算法的目标是求出一系列 α 和 b，一旦求出了这些值，就很容易计算出权重向量并得到分隔超平面。

SMO 算法的工作原理：在每次循环中选择两个 α 进行优化处理，一旦找到了一对合适的 α，就增大其中一个并减小另一个。这里所谓的"合适"，就是指两个 α 必须满足以下两个条件。

（1）两个 α 必须在间隔边界之外。

（2）两个 α 还没有进行过区间化处理或不在边界上。

2. 算法流程

算法流程示意图如图 8.7 所示。

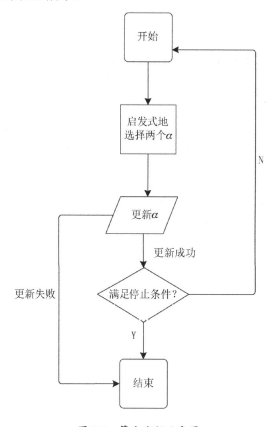

图 8.7 算法流程示意图

步骤 1，计算误差：

$$E_i = f\left(x_i\right) - y_i = \left(\sum_{j=1}^{n} \alpha_j y_j x_i^{\mathrm{T}} x_j + b\right) - y_i \tag{8.29}$$

步骤 2，计算上、下界 H 和 L：

$$\begin{cases} L = \max\left(0, \alpha_j^{\text{old}} - \alpha_i^{\text{old}}\right), & H = \min\left(C, C + \alpha_j^{\text{old}} - \alpha_i^{\text{old}}\right), & \boldsymbol{y}_i \neq \boldsymbol{y}_j \\ L = \max\left(0, \alpha_j^{\text{old}} + \alpha_i^{\text{old}} - C\right), & H = \min\left(C, \alpha_j^{\text{old}} + \alpha_i^{\text{old}}\right), & \boldsymbol{y}_i = \boldsymbol{y}_j \end{cases} \qquad (8.30)$$

步骤 3，计算学习率 η：

$$\eta = \boldsymbol{x}_i^{\text{T}} \boldsymbol{x}_i + \boldsymbol{x}_j^{\text{T}} \boldsymbol{x}_j - 2\boldsymbol{x}_i^{\text{T}} \boldsymbol{x}_j \qquad (8.31)$$

步骤 4，更新 α_j：

$$\alpha_j^{\text{new}} = \alpha_j^{\text{old}} + \frac{\boldsymbol{y}_i\left(E_i - E_j\right)}{\eta} \qquad (8.32)$$

步骤 5，根据取值范围修剪 α_j：

$$\alpha^{\text{new,clipped}} = \begin{cases} H, & \alpha_j^{\text{new}} > H \\ \alpha_j^{\text{new}}, & L \leqslant \alpha_j^{\text{new}} \leqslant H \\ L, & \alpha_j^{\text{new}} < L \end{cases} \qquad (8.33)$$

步骤 6，更新 α_i：

$$\alpha_i^{\text{new}} = \alpha_i^{\text{old}} + \boldsymbol{y}_i \boldsymbol{y}_j \left(\alpha_j^{\text{new}} - \alpha_j^{\text{new,clipped}}\right) \qquad (8.34)$$

步骤 7，更新 b_1 和 b_2：

$$\begin{aligned} b_1^{\text{new}} &= b^{\text{old}} - E_i - \boldsymbol{y}_i\left(\alpha_i^{\text{new}} - \alpha_i^{\text{old}}\right)\boldsymbol{x}_i^{\text{T}}\boldsymbol{x}_i - \boldsymbol{y}_j\left(\alpha_j^{\text{new}} - \alpha_j^{\text{old}}\right)\boldsymbol{x}_j^{\text{T}}\boldsymbol{x}_i \\ b_2^{\text{new}} &= b^{\text{old}} - E_j - \boldsymbol{y}_i\left(\alpha_i^{\text{new}} - \alpha_i^{\text{old}}\right)\boldsymbol{x}_i^{\text{T}}\boldsymbol{x}_j - \boldsymbol{y}_j\left(\alpha_j^{\text{new}} - \alpha_j^{\text{old}}\right)\boldsymbol{x}_j^{\text{T}}\boldsymbol{x}_j \end{aligned} \qquad (8.35)$$

步骤 8，根据 b_1 和 b_2 更新 b：

$$b = \begin{cases} b_1, & 0 < \alpha_1^{\text{new}} < C \\ b_2, & 0 < \alpha_2^{\text{new}} < C \\ \dfrac{1}{2}\left(b_1 + b_2\right), & \text{其他} \end{cases} \qquad (8.36)$$

8.2 实验数据

实验方法：支持向量机分类。

实验数据集：Titanic 数据集。

实验目的：预测泰坦尼克号人员存活率。

8.2.1 准备数据

20世纪初，由英国白星航运公司打造的当时世界上最大的豪华客轮泰坦尼克号曾被称为"永不沉没的船"和"梦幻之船",这艘豪华客轮在其首航中,就因撞上冰山而沉没。一直以来,关于泰坦尼克号沉没的原因是人们津津乐道的话题。时至今日,泰坦尼克号上的乘客身份信息已经被整理成数据集,可以用于机器学习的分类任务。

1. 数据集来源

本实验数据集 Titanic(见表 8.1)为 1912 年泰坦尼克号沉船事件中一些乘客的个人信息及存活状况。这些历史数据已经被划分为训练集和测试集,可以根据训练集训练出合适的模型并预测测试集中乘客的存活状况。其中,训练集有 892 条记录,测试集有 417 条记录。

表 8.1 Titanic 历史数据属性详情

变 量 名	PassengerId	Survived	Pclass	Name	Sex	Age
变量解释	乘客编号	乘客是否存活(0=No,1=Yes)	乘客所在的船舱等级(1=1st,2=2nd,3=3rd)	乘客姓名	乘客性别	乘客年龄
数据类型	numeric	categorical	categorical	string	categorical	categorical
变 量 名	SibSp	Parch	Ticket	Fare	Cabin	Embarked
变量解释	乘客的兄弟姐妹和配偶数量	乘客的父母与子女数量	票的编号	票价	座位号	乘客登船码头(C=Cherbourg Q=Queenstown S=Southampton)
数据类型	numeric	numeric	string	numeric	string	categorical

2. 数据集下载

本书使用的数据集来自和鲸社区,文件大小为 60KB。训练数据 train.csv 和测试数据 test.csv 可以在和鲸社区官网下载。

3. 导入数据集

```
import pandas as pd        # 数据处理、CSV 文件 I/O(如 pd.read_csv)
import numpy as np         # 数学库
import matplotlib.pyplot as plt        # 用于数据可视化
import seaborn as sns                  # 用于统计数据可视化
import matplotlib.pyplot as plt
import csv
data = pd.read_csv("train.csv")
```

8.2.2 分析数据

现在,对该数据集进行分析。

```
# 查看数据集的维度
data.shape
out:
    (892, 12)
```

可以看到，数据集中有 892 个实例和 12 个属性。

```
# 查看数据集的前 5 行
data.head()
# 查看数据集摘要
data.info()
out:
    <class 'pandas.core.frame.DataFrame'>
    RangeIndex: 892 entries, 0 to 891
    Data columns (total 12 columns):
#   Column       Non-Null  Count     Dtype
--- ------       --------------      -----
0   PassengerId  892       non-null  object
1   Survived     892       non-null  object
2   Pclass       892       non-null  object
3   Name         892       non-null  object
4   Sex          892       non-null  object
5   Age          715       non-null  object
6   SibSp        892       non-null  object
7   Parch        892       non-null  object
8   Ticket       892       non-null  object
9   Fare         892       non-null  object
10  Cabin        205       non-null  object
11  Embarked     890       non-null  object
dtypes: object(12)
memory usage: 83.8+ KB
```

可以看到，数据集中没有缺失值（见表 8.2 和表 8.3）。下面进一步确认这一点。

表 8.2　数据示例 1

0	PassengerId	Survived	Pclass	Name	Sex	Age
1	1	0	3	Braund, Mr. Owen Harris	male	22
2	2	1	1	Cumings, Mrs. John Bradley (Florence Briggs Th...	female	38
3	3	1	3	Heikkinen, Miss. Laina	female	26
4	4	1	1	Futrelle, Mrs. Jacques Heath (Lily May Peel)	female	35

表 8.3 数据示例 2

0	SibSp	Parch	Ticket	Fare	Cabin	Embarked
1	1	0	A/5 21171	7.25	NaN	S
2	1	0	PC 17599	71.2833	C85	C
3	0	0	STON/O2. 3101282	7.925	NaN	S
4	1	0	113803	53.1	C123	S

检查类别变量中的缺失值的代码如下。

```
# 检查类别变量中的缺失值
data[categorical].isnull().sum()
out:
PassengerId    0
Survived       0
Pclass         0
Name           0
Sex            0
Age            177
SibSp          0
Parch          0
Ticket         0
Fare           0
Cabin          687
Embarked       2
```

可以看出，数据集并没有缺失值。

8.2.3 处理数据

1. 数据集整理

对数据集进行规范化处理，以保障数据达到训练要求。

```
def loadDataset(filename):
    with open(filename, 'r') as f:
        lines = csv.reader(f)
        data_set = list(lines)
    offset = 1 if 'test' in filename else 0
    # 整理数据
    for i in range(len(data_set)):
        del(data_set[i][0])
        del(data_set[i][3-1-offset])
        data_set[i][6-2-offset] += data_set[i][7-2-offset]
        del(data_set[i][7-2-offset])
```

```
        del(data_set[i][8-3-offset])
        del(data_set[i][10-4-offset])
        del(data_set[i][11-5-offset])
        if 'train' in filename:
            survived = data_set[i].pop(0)
            data_set[i].append(survived)
category = data_set[0]
del (data_set[0])
#留下的特征
# 训练集：['Pclass', 'Sex', 'Age', 'SibSpParch', 'Fare', 'Survived']
# Age 有缺失值
# 测试集：['Pclass', 'Sex', 'Age', 'SibSpParch', 'Fare']
# Age 和 Fare 有缺失值
# 转换数据格式
for data in data_set:
    pclass = int(data[0])
    # male : 1, female : 0
    sex = 1 if data[1] == 'male' else 0
    age = int(float(data[2])) if data[2] != '' else 28
    sibspparch = float(data[3][0])+float(data[3][1])
    fare = float(data[4]) if data[4] != '' else 0
    # 补全缺失值、转换记录方式、分类
    # 经过测试，如果不将数据进行以下处理，那么数据分布会过于密集，处理后，数据分布
变得稀疏了
    # age<25 为 0，25≤age<31 为 1，age≥31 为 2
    if age < 25:
        age = 0
    elif age >= 25 and age < 60:
        age = 1
    else:
        age = 2
    # sibspparch 以 2 为界限，小于 2 为 0，大于 2 为 1
    if sibspparch < 2:
        sibspparch = 0
    else:
        sibspparch = 1
        sibspparch = 0
    else:
        sibspparch = 1
    data[2] = age
    data[3] = sibspparch
    data[4] = fare
    # fare 以 64 为界限
    if fare < 64:
```

```
        fare = 0
    else:
        fare = 1
    #更新数据
    data[0] = pclass
    data[1] = sex
    if 'train' in filename:
        data[-1] = int(data[-1])
    return data_set, category
```

2. 数据集划分

对数据集进行划分，分别获取数据和对应的标签。

```
def split_data(data):
    data_set = copy.deepcopy(data)
    data_mat = []
    label_mat = []
    for i in range(len(data_set)):
        if data_set[i][-1] == 0:
            data_set[i][-1] = -1
        label_mat.append(data_set[i][-1])
        del(data_set[i][-1])
        data_mat.append(data_set[i])
    return data_mat, label_mat
```

8.3 算法实战

8.3.1 算法构建

1. SMO 算法的伪代码

创建一个 α 向量并初始化为零向量
当迭代次数小于最大迭代次数时（外循环）：
　　对于数据集中的每个数据向量（内循环）：
　　　　如果该数据向量可以被优化：
　　　　　　则随机选择另外一个数据向量
　　　　　　同时优化这两个向量
　　　　如果两个向量都不能被优化，则退出内循环
　　如果所有向量都没有被优化，则迭代次数加 1，继续下一次循环

2. 构建辅助函数

随机选择 alpha 对的代码如下。

```
def select_j_rand(i ,m):
    # 选取 alpha
    j = i
    while j == i:
```
#用于生成一个指定范围内的随机浮点数，两个参数中的一个是上限，一个是下限
```
j = int(random.uniform(0, m))
    return j
```

α_j 的修剪函数的代码如下。

```
def clip_alptha(aj, H, L):
    # 修剪 alpha
    if aj > H:
        aj = H
    if L > aj:
        aj = L
    return aj
```

ω 的计算代码如下。

```
def caluelate_w(data_mat, label_mat, alphas):
    alphas = np.array(alphas)
    data_mat = np.array(data_mat)
    label_mat = np.array(label_mat)
    aa = label_mat.reshape(1, -1)
    bb = label_mat.reshape(1, -1).T
    cc = (1, 5)
    w = np.dot((np.tile(label_mat.reshape(1, -1).T, (1, 5))*data_mat).T, alphas)
    return w.tolist()
```

3. 简化版 SMO 算法

下面是 SMO 算法的伪代码。

```
"""
参数说明:
    xMat——特征向量
    yMat——标签向量
    C——常数
    toler——容错率
    max_iter——最大迭代次数
    返回: b 和 alpha
"""
```

训练代码如下。

```
def smo(data_mat_In, class_label, C, toler, max_iter):
    # 转化为 NumPy 的 Mat 存储
```

```
        data_matrix = np.mat(data_mat_In)
        label_mat = np.mat(class_label).transpose()
        # data_matrix = data_mat_In
        # label_mat = class_label
        # 初始化 b，统计 data_matrix 的维度
        b = 0
        m, n = np.shape(data_matrix)
        # 初始化 alpha，设为 0
        alphas = np.mat(np.zeros((m, 1)))
        # 初始化迭代次数
        iter_num = 0
        # 最多迭代 max_iter 次
        while iter_num < max_iter:
            alpha_pairs_changed = 0
            for i in range(m):
                # 计算误差 Ei
                fxi  =  float(np.multiply(alphas, label_mat).T*(data_matrix*
data_matrix[i, :].T)) + b
                Ei = fxi - float(label_mat[i])
                # 优化 alpha、松弛向量、C 松弛系数的惩罚项系数。如果 C 值设定得比较大，那么
支持向量机可能会选择边际较小的能够更好地分类所有训练点的决策边界，不过模型的训练时间也会更长
                if (label_mat[i]*Ei < -toler and alphas[i] < C) or (label_mat[i]*
Ei > toler and alphas[i] > 0):
                    # 随机选取另一个与 alpha_j 成对优化的 alpha_j
                    j = select_j_rand(i, m)         # 1.计算误差 Ej
                    fxj = float(np.multiply(alphas, label_mat).T*(data_matrix*
data_matrix[j, :].T)) + b
                    Ej = fxj - float(label_mat[j])
                    # 保存更新前的 alpha 和 deepcopy
                    alpha_i_old = copy.deepcopy(alphas[i])
                    alpha_j_old = copy.deepcopy(alphas[j])
                    # 2.计算上、下界
                    if label_mat[i] != label_mat[j]:
                        L = max(0, alphas[j] - alphas[i])
                        H = min(C, C + alphas[j] - alphas[i])
                    else:
                        L = max(0, alphas[j] + alphas[i] - C)
                        H = min(C, alphas[j] + alphas[i])
                    if L == H:
                        print("L == H")
                        continue
        # 3.计算学习率
                    eta = 2.0 * data_matrix[i, :]*data_matrix[j, :].T - data_
```

```
matrix[i, :]*data_matrix[i, :].T - data_matrix[j, :]*data_matrix[j, :].T
                if eta >= 0:
                    print("eta >= 0")
                    continue
                # 4.更新 alpha_j
                alphas[j] -= label_mat[j]*(Ei - Ej)/eta
                # 5.修剪 alpha_j
                alphas[j] = clip_alptha(alphas[j], H, L)
                if abs(alphas[j] - alphas[i]) < 0.001:
                    print("alpha_j 变化太小")
                    continue
                # 6.更新 alpha_i
                alphas[i] += label_mat[j]*label_mat[i]*(alpha_j_old - alphas[j])
                # 7.更新 b_1 和 b_2
                b_1 = b - Ei - label_mat[i]*(alphas[i] - alpha_i_old)*data_
matrix[i, :]*data_matrix[i, :].T - label_mat[j]*(alphas[j] - alpha_j_old)*
data_matrix[i, :]*data_matrix[j, :].T
                b_2 = b - Ej - label_mat[i]*(alphas[i] - alpha_i_old)*data_
matrix[i, :]*data_matrix[j, :].T - label_mat[j]*(alphas[j] - alpha_j_old)*
data_matrix[j, :] * data_matrix[j, :].T
                # 8.根据 b_1 和 b_2 更新 b
                if 0 < alphas[i] and C > alphas[i]:
                    b = b_1
                elif 0 < alphas[j] and C > alphas[j]:
                    b = b_2
                else:
                    b = (b_1 + b_2)/2
                # 统计优化次数
                alpha_pairs_changed += 1
                # 打印统计信息
                print("第%d 次迭代样本：%d ，alpha 优化次数：%d" % (iter_num, i,
alpha_pairs_changed))
        # 更新迭代次数
        if alpha_pairs_changed == 0:
            iter_num += 1
        else:
            iter_num = 0
        print("迭代次数：%d" % iter_num)
    return b, alphas
```

8.3.2 训练测试数据

训练测试数据并返回对应的 b、α、ω：

```
#前 200 条数据为测试数据，之后为训练数据
test_mat = data_mat[:200]
test_label = label_mat[:200]
data_mat = data_mat[200:]
label_mat = label_mat[200:]
#训练
b, alphas = smo(data_mat, label_mat, 0.6, 0.001, 40)
w = caluelate_w(data_mat, label_mat, alphas)
```

8.3.3　结果分析

预测结果如下。

```
#测试结果
result = prediction(test_mat, w, b)
pd_result = prediction(pre_set, w, b)
count = 0
survived = 0
pd_survived = 0
#准确率
for i in range(len(result)):
    if result[i] == test_label[i]: count += 1
#训练集存活率
for i in range(len(data_mat)):
    if label_mat[i] == 1:
        survived += 1
#预测集存活率
for i in range(len(pd_result)):
    if pd_result[i] == 1:
        pd_survived += 1
print('survive_rate_in_training_set:'+str(survived/len(data_mat)*100)+'%')
print('accuracy:'+str(count/len(result)*100)+'%')
print('pd_survive_rate:'+str(pd_survived/len(pd_result)*100)+'%')
```

测试结果代码展示如下。

```
#测试结果
accuracy:71.0%
```

对训练后的结果在测试集上进行验证，得到正确率为 71.0%，产生这样的结果的原因有多种，可能是训练数据太少，致使在测试集上得到的正确率不够高，这可以通过增加训练数据来解决。

8.4　本章小结

　　支持向量机是一种二分类模型，其基本模型是定义在特征空间上间隔最大的线性分类器。当训练数据线性可分时，它通过硬间隔最大化学习一个线性分类器；当训练数据近似线性可分时，它通过软间隔最大化学习一个线性分类器；当训练数据不可分时，它通过核技巧（低维空间映射到高维空间）和软间隔最大化学习一个线性分类器。构建它的条件是训练数据线性可分，其学习策略是间隔最大化。SMO 算法是支持向量机学习的一种快速算法，其特点是不断地将原二次规划问题分解为只有两个变量的二次规划子问题，并对子问题进行解析求解，直到所有变量均满足 KKT 条件。这样，可以通过启发式方法得到原二次规划问题的最优解。因为子问题有解析解，所以每次计算子问题都很快，虽然计算子问题的次数很多，但总体上还是高效的。

　　本章详细介绍了支持向量机的相关数学理论，使用支持向量机逐步实现了分类训练与预测。核支持向量机是非常强大的模型，在各种数据集上的表现都很好。支持向量机允许决策边界很复杂，即使数据只有几个特征。它在低维数据和高维数据（特征很少和特征很多）上都表现得很好，但对样本个数的缩放表现不好。在有多达 10000 个样本的数据集上运行，支持向量机可能表现良好，但如果数据量达到 100000 个样本甚至更多，那么它在运行时间和内存使用方面可能会面临挑战。

8.5　本章习题

1. 简述支持向量机及其基本原理。
2. 支持向量机与 Logistic 回归的区别是什么？
3. 为什么支持向量机要引入核函数？
4. 支持向量机与核函数的区别是什么？
5. 为什么支持向量机对缺失值敏感？

习题解析

第 **9** 章

随机森林算法

学而思行

在《抱朴子·务正》中有这样一句经典的话语，"众力并，则万钧不足举也"。这句话传达了团队合作、集思广益、相互协作的重要性。众人的力量一旦凝聚在一起，即使有万钧之力，也难以撼动。这种力量是如此强大，以至于可以战胜任何困难，取得更大的成功。

在机器学习中，构建多棵决策树是一种常见的方法，通过构建多棵决策树，并将它们的预测结果进行集成学习，可以获得更好的预测性能。这种方法的背后反映了团队合作、集思广益的重要性，每棵决策树都是独立生成的，具有随机性和多样性。通过将所有决策树的预测结果结合起来，可以形成一个更加全面、准确的预测结果。这就像团队中的每个成员都发挥自己的特长，共同解决问题，取得更好的结果。

通过前面的学习，了解到决策树算法可以通过给定的训练集构建一棵决策树，使它能够对实例进行正确的分类。随机森林是希望构建多棵决策树，使最终的分类效果能够超过单棵决策树的分类效果的一种算法。

随机森林算法通过集成学习的思想集成多棵决策树，它的基本单元就是决策树，而它的本质则属于机器学习的一大分支——集成学习（Ensemble Learning）方法。随机森林的名称中有两个关键词，一个是"随机"，另一个是"森林"。其中，"森林"可以比喻为成百上千棵树，其实这就是随机森林的主要思想——集成思想。通常，随机森林算法可以应用在离散值的分类、连续值的回归、无监督学习聚类及异常点检测等方面。

第 5 章所讲的决策树虽然有剪枝等处理方法，但其泛化能力较弱，也极易受异常值的影响。而本章所讲的随机森林算法可以在一定程度上降低过拟合发生的可能性，减小异常值带来的影响，使分类准确率更高。本章首先学习集成学习算法及其两大流派，再围绕集成思想的具体实现——随机森林算法介绍其算法流程，分析其优/缺点；然后依托汽车评估数据集进行准备数据、分析数据、处理数据操作；最后构建随机森林模型，并对模型参数和特征数量进行修改，分析各因素对模型准确率的影响。

9.1 算法概述

这里从直观角度来解释随机森林算法，首先将每棵决策树看作一个分类器，使得对于一个输入样本，N 棵决策树有 N 个分类结果；然后集成 N 棵决策树所有的分类投票结果，将投票次数最多的类别指定为最终的输出。随机森林算法的这种思想其实就是集成思想中一种最简单的 Bagging 思想。下面先学习集成学习的思想，再围绕随机森林算法这一集成思想的具体体现进行相关学习。

9.1.1 集成学习概述

集成学习就是将若干弱分类器通过一定的策略组合产生一个强分类器。弱分类器（Weak Classifier）指的就是那些分类准确率只比随机猜测略高一点的分类器，而强分类器（Strong Classifier）的分类准确率会高很多。这里的"强"和"弱"是相对的。集成学习思想如图 9.1 所示。（补充说明：某些书中也会把弱分类器称为基分类器。）

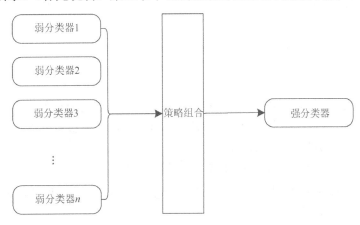

图 9.1　集成学习思想

目前，集成学习算法的流派主要有两种：Bagging 和 Boosting。

1. Bagging

Bagging 算法也称自举汇聚法（Bootstrap Aggregating），是一种根据均匀概率分布，从训练集中重复抽样（有放回）的技术。这种方法首先将训练集划分为 n 个采样集；然后在每个采样集上构建一个模型，各自不相干；最后预测时将这 n 个模型的结果进行整合，得到最终结果。整合方式分为两种：分类问题用投票表决（票数最多的类别即预测类别）、回归问题用均值。值得注意的是，由于采样集中的每个样本都是从训练集中有放回地随机抽样得到的，因此采样集中存在重复的值，而原始数据集的某些值就不会出现在采样集中。

Bagging 算法的流程图如图 9.2 所示。

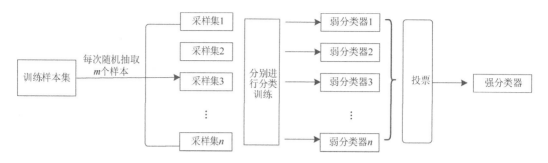

图 9.2　Bagging 算法的流程图

从图 9.2 中可以看出，Bagging 算法通过有放回地随机抽样构造 n 个采样集，将某个学习算法分别作用于每个采样集就得到 n 个弱分类器，根据每个弱分类器返回的结果，采用一定的策略组合得到最后需要的强分类器。

Bagging 算法的代表算法是随机森林，准确地来说，随机森林是 Bagging 算法的一个特化进阶版本。所谓特化，就是指随机森林的弱学习器都是决策树；所谓进阶，就是指随机森林在 Bagging 算法的样本随机采样的基础上加上了特征的随机选择，但其基本思想没有脱离 Bagging 算法的范畴。

接下来将注意力转移到一个与 Bagging 类似的集成分类器方法——Boosting 上。

2. Boosting

Boosting 是集成学习的重要分支，其核心思想就是通过弱分类器的不断集成形成一个强分类器。具体地，每次迭代产生的新分类器都重点改进之前没有处理好的地方。这样，新产生的分类器与之前分类器的集成就能够产生一个更强的分类器，重复这一过程，直到达到任务目标。与上述 Bagging 算法相比，两者的区别如下。

（1）Bagging 采用均匀抽样方式，而 Boosting 则根据错误率来取样，因此 Boosting 的分类精度优于 Bagging 的分类精度。

（2）Bagging 的训练集的选择是随机的，各次迭代的训练集之间相互独立；而 Boosting 的各次迭代的训练集的选择与前面各次迭代的学习结果有关。

（3）Bagging 的各个预测函数都没有权重，而 Boosting 的各个预测函数都有权重。

（4）Bagging 的各个预测函数都可以并行生成，而 Boosting 的各个预测函数都只能顺序生成。

9.1.2　随机森林算法概述

为了解决决策树模型存在的问题，在决策树的基础上，结合多个分类器组合的思想，由多棵决策树生成随机森林。随机森林的核心思想就是对训练集进行重采样，组成多个训练子集，由每个训练子集生成一棵决策树，所有决策树通过投票的方式进行决策，组成随机森林。

1. 随机森林算法的流程

为了描述方便，这里设训练集为 T，有 N 个样本，即 $T = \{t_1, t_2, \cdots, t_N\}$；特征集为 F，有 M 维特征，即 $F = \{f_1, f_2, \cdots, f_M\}$；类别集合为 C，有 L 种类别，即 $C = \{c_1, c_2, \cdots, c_L\}$；测试集为 D，有 λ 个测试样本，即 $D = \{d_1, d_2, \cdots, d_\lambda\}$。

随机森林算法的流程如下。

（1）对容量为 N 的训练集 T 采用自助抽样法，即有放回地抽取 N 个样本，作为一个训练子集 T_k。训练子集的数据量和原始数据集的数据量相同，不同训练子集的元素可以重复，同一个训练子集中的元素也可以重复。

（2）对于训练子集 T_k，从特征集 F 中无放回地随机抽取 m 个特征（$m = \log_2 M$）（向上取整）作为当前节点下决策的备选特征，从这些备选特征中选择最好地划分训练样本的特征。单棵决策树在产生样本集和确定其特征后，从根结点开始，自上而下地生成一棵完整的决策树 S_k（不需要剪枝）。

（3）重复 n 次步骤（1）、（2），得到 n 个训练子集 $T_1, T_2, \cdots, T_n$，并生成 n 棵决策树 S_1，$S_2, \cdots, S_n$，将这 n 棵决策树组合起来，形成随机森林。

（4）将测试集 D 中的测试样本 d_σ 输入随机森林，先让每棵决策树分别对 d_σ 进行决策，然后采用多数投票法（Majority Voting Algorithm）对决策结果进行投票，最终决定 d_σ 的分类。

（5）重复 λ 次步骤（4），直到测试集 D 分类完成。

随机森林算法的流程图如图 9.3 所示。

2. 随机森林算法的优/缺点

随机森林算法的优点如下。

（1）随机森林算法既对训练样本进行了抽样，又对特征进行了抽样，充分保证了所构建的每棵决策树之间的独立性，使得投票结果更准确。

（2）随机森林算法的随机性体现在每棵决策树的训练样本是随机的，决策树中的每个节点的分裂属性也是随机选择的。有了这两个随机因素，即使每棵决策树都没有进行剪枝操作，随机森林也不会产生过拟合现象。

（3）随机森林算法可以判断特征的重要程度，以及不同特征之间的相互影响程度。

（4）随机森林算法对某些特殊数据集仍有较好的效果。例如，对不平衡的数据集来说，它可以平衡误差；对有很大一部分特征遗失的数据集来说，它仍可以维持准确率。

随机森林算法的缺点如下。

（1）随机森林算法已经被证明在某些噪声较大的分类或回归问题上会产生过拟合现象。

（2）对于有不同取值的属性的数据，取值划分较多的属性会对随机森林算法产生更大的影响，因此随机森林算法在这种数据下产出的属性权重是不可信的。

（3）随机森林算法计算复杂，这是它最大的缺点。因为大量的决策树被用来进行预测，所以随机森林在进行预测时非常缓慢，即非常耗时。

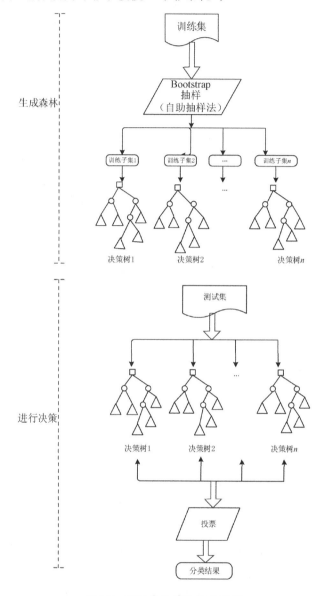

图 9.3 随机森林算法的流程图

9.2 实验数据

实验方法：随机森林算法。

实验数据集：Car Evaluation Database（汽车评估数据集）。

实验目的：利用汽车评估数据集构建随机森林模型来预测汽车质量。

9.2.1　准备数据

1．数据集介绍

本实验采用的汽车评估数据集源自一个简单的分层决策模型，它最初是为演示 DEX 开发的。通过数据集中包含的汽车的多种细节（如车门数量、后备箱大小、维修成本等）来确定汽车质量，并将其分成 4 种类型：不达标、达标、良好、优秀。该数据集中的 7 个属性列的具体信息如表 9.1 所示。

表 9.1　汽车评估数据集中的 7 个属性列的具体信息

变量名	数据类型	数据描述	变量值
buying	string	购买价位	vhigh，high，med，low
maint	string	保养费用	vhigh，high，med，low
doors	string	车门数量	two，three，5more
persons	string	可载人数	two，four，5more
lug_boot	string	汽车后备箱大小	small，med，big
safety	string	预估的车辆安全性	low，med，high
car	string	汽车质量	unacc，acc，good，vgood

2．数据集下载

本实验采用的数据集来自 UCI 数据集，是由加利福尼亚大学尔湾分校提出的用于机器学习的标准测试数据集。

3．导入数据集

```
#导入相关包
import pandas as pd                ##数据处理、CSV 文件 I/O（如 pd.read_csv）
import numpy as np                 #用于数值计算
import matplotlib.pyplot as plt    #用于数据可视化
import seaborn as sns              #用于统计数据可视化
%matplotlib inline
#导入数据集
data=pd.read_csv('car_evaluation.csv',header=None)
```

9.2.2　分析数据

对上述导入的数据集数据进行探索性分析，增强对其中数据的理解。

首先，查看数据集的维度，并查看数据集的前 5 行（见图 9.4），了解各属性列名和属性值情况。

```
# 查看数据集的维度
```

```
data.shape
#输出
out:
    (1728, 7)
# 查看数据集的前 5 行
data.head()
```

	0	1	2	3	4	5	6
0	vhigh	vhigh	2	2	small	low	unacc
1	vhigh	vhigh	2	2	small	med	unacc
2	vhigh	vhigh	2	2	small	high	unacc
3	vhigh	vhigh	2	2	med	low	unacc
4	vhigh	vhigh	2	2	med	med	unacc

图 9.4　数据集的前 5 行

从图 9.4 中可以看出，各属性列名含义未知，故需要对其进行重命名操作。

```
col_names = ['buying', 'maint', 'doors', 'persons', 'lug_boot', 'safety', 'class']
data.columns = col_names
col_names
#输出
out:['buying', 'maint', 'doors', 'persons', 'lug_boot', 'safety', 'class']
```

查看数据集摘要，了解数据集各列的数据类型、是否为空值及内存占用情况。

```
#查看数据集摘要
data.info()
#输出
out:
    <class 'pandas.core.frame.DataFrame'>
    RangeIndex: 1728 entries, 0 to 1727
    Data columns (total 7 columns):
    buying       1728 non-null object
    maint        1728 non-null object
    doors        1728 non-null object
    persons      1728 non-null object
    lug_boot     1728 non-null object
    safety       1728 non-null object
    class        1728 non-null object
    dtypes: object(7)
    memory usage: 94.6+ KB
```

可以看出，数据集中没有缺失值。接下来进一步确认这一点。

```
# 检查类别变量中的缺失值情况
    data.isnull().sum()
    #输出
```

```
out:
    buying      0
    maint       0
    doors       0
    persons     0
    lug_boot    0
    safety      0
    class       0
    dtype: int64
```

可以看出，数据集中不存在缺失值。

查看类别变量的各值的频率分布。

```
#查看类别变量的各值的频率分布
data['class'].value_counts()
#输出
out:
    unacc       1210
    acc         384
    good        69
    vgood       65
    Name: class, dtype: int64
```

可以看出，这些类别变量本质上是有序的。

9.2.3　处理数据

1. 数据集划分

完成数据分析后，开始对数据进行处理。首先按照一定的比例要求（test_size = 0.33）将新生成的数据集分为训练集和测试集两部分。

```
#数据集划分
from sklearn.model_selection import train_test_split
X_train, X_test, y_train, y_test = train_test_split(X, y, test_size = 0.33,
random_state = 42)
```

再检查训练集和测试集的维度信息。

```
X_train.shape, X_test.shape
#输出
out:
    ((1157, 6), (571, 6))
```

经过划分，可以看出，训练集共有 1157 条记录，测试集共有 571 条记录。

2. 特征工程

由于原始数据的属性值较复杂，因此需要进一步采取特征工程，将原始数据转换为有用特征，提高模型的预测能力。

```
# 检查数据集的数据类型
X_train.dtypes
#输出
out:
    buying        object
    maint         object
    doors         object
    persons       object
    lug_boot      object
    safety        object
    dtype: object
```

可以看到，数据集中的 6 种变量都是类别变量。下面对训练集和测试集的类别变量进行编码。

```
#编码类别变量
import category_encoders as ce
encoder = ce.OrdinalEncoder(cols=['buying', 'maint', 'doors', 'persons',
'lug_boot', 'safety'])
X_train = encoder.fit_transform(X_train)
X_test = encoder.transform(X_test)
#编码后的数据显示
X_train.head()
```

完成特征工程后（见图 9.5），可以看出，所有类别变量都已进行简单的顺序编码。

	buying	maint	doors	persons	lug_boot	safety
48	1	1	1	1	1	1
468	2	1	1	2	2	1
155	1	2	1	1	2	2
1721	3	3	2	1	2	2
1208	4	3	3	1	2	2

图 9.5 完成特征工程后的数据集示例

9.3 算法实战

9.3.1 创建随机森林分类器

首先，借助 sklearn 包中的 RandomForestClassifier()函数实现随机森林分类器的创建，并将其实例化。该函数的所有参数都使用默认参数值。例如，n_estimators 参数，即随机森林中分类器的数量，它的默认值为 10。值得注意的是，n_estimators 参数的默认值对于不同的版本是不同的，随着版本迭代，目前最新版本的 n_estimators 参数的默认值已变为 100。

```
#导入随机森林分类器
from sklearn.ensemble import RandomForestClassifier
#实例化随机森林分类器
rfc = RandomForestClassifier(n_estimators=10,random_state=0)
```

其次，使用训练集训练模型。这里使用 fit()函数进行训练：

```
#训练模型
rfc.fit(X_train, y_train)
```

最后，预测测试集结果，并检查分类准确率：

```
#预测测试集结果
y_pred = rfc.predict(X_test)
#检查分类准确率
from sklearn.metrics import accuracy_score
print('Model accuracy score with 10 decision-trees : {0:0.4f}'.
format(accuracy_score(y_test, y_pred)))
```

输出结果为 Model accuracy score with 10 decision-trees : 0.9247。这里建立了随机森林分类器模型，其中默认参数 n_estimators=10，即使用了 10 棵决策树来构建模型。下面增加决策树的数量，并查看其对分类准确率的影响。

9.3.2　创建修改参数的随机森林

将 RandomForestClassifier()函数中的 n_estimators 属性值改为 100，即采用 100 棵决策树进行预测：

```
#创建 n_estimators=100 实例化分类器
rfc_100 = RandomForestClassifier(n_estimators=100, random_state=0)
#使用训练集训练模型
rfc_100.fit(X_train, y_train)
#预测测试集结果
y_pred_100 = rfc_100.predict(X_test)
#检查分类准确率
print('Model accuracy score with 100 decision-trees : {0:0.4f}'.
format(accuracy_score(y_test, y_pred_100)))
```

输出结果为 Model accuracy score with 100 decision-trees :0.9457。由此可得 10 棵决策树的模型分类准确率为 0.9247，而 100 棵决策树的模型分类准确率为 0.9457。因此可以看出，随机森林的准确率随着模型中决策树数量的增加而提升。

9.3.3 使用随机森林模型找重要特征

上述实验将 6 个特征全部采用了。但从实际角度出发，所有特征对目标变量的影响力并不是相同的，它们有的对目标变量起决定性作用，有的对目标变量甚至不起任何作用。下面只选择重要特征，使用这些特征构建模型，并查看这些特征对分类准确率的影响。

```
#创建 n_estimators=100 实例化分类器
clf = RandomForestClassifier(n_estimators=100, random_state=0)
# 使用训练集训练模型
clf.fit(X_train, y_train)
# 查看特征的重要性
feature_scores = pd.Series(clf.feature_importances_, index=X_train.columns).
sort_values(ascending=False)
feature_scores
#输出
out:
    safety       0.295319
    persons      0.233856
    buying       0.151734
    maint        0.146653
    lug_boot     0.100048
    doors        0.072389
    dtype: float64
```

可以看到，其中最重要的特征是 safety（安全性），最不重要的特征是 doors（车门数量），这一点和现实情况完全吻合。

9.3.4 可视化特征分数

为进一步将各个特征的重要性体现出来，这里通过绘制条形图来可视化特征分数。

```
# 创建 Seaborn 条形图
sns.barplot(x=feature_scores, y=feature_scores.index)
# 将标签添加到图形中
plt.xlabel('Feature Importance Score')
plt.ylabel('Features')
# 为图形添加标题
plt.title("Visualizing Important Features")
# 将图形可视化
plt.show()
```

特征分数图如图 9.6 所示。

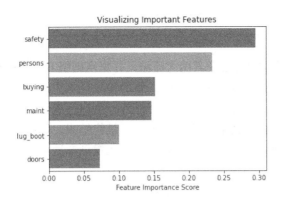

图 9.6 特征分数图

9.3.5 在选定的特征上建立随机森林模型

从上述特征重要性的分布情况来看，车门数量是影响力最小的特征，删除这一特征，重新建模并检查其对模型分类准确率的影响。

```
#声明特征向量和目标变量
X = data.drop(['class', 'doors'], axis=1)
y = data['class']
# 将数据集划分为训练集和测试集
from sklearn.model_selection import train_test_split
X_train, X_test, y_train, y_test = train_test_split(X, y, test_size =
0.33, random_state = 42)
# 用顺序编码方式对类别变量进行编码
encoder = ce.OrdinalEncoder(cols=['buying', 'maint', 'persons', 'lug_boot',
'safety'])
X_train = encoder.fit_transform(X_train)
X_test = encoder.transform(X_test)
#使用训练集训练模型
clf.fit(X_train, y_train)
预测测试集结果
y_pred = clf.predict(X_test)
# 检查准确率
print('Model accuracy score with doors variable removed : {0:0.4f}'.
format(accuracy_score(y_test, y_pred)))
```

输出结果为 Model accuracy score with doors variable removed :0.9264，即去除 doors 变量后的模型分类准确率为 0.9264，而考虑所有变量的模型分类准确率为 0.9247。因此，从模型中删除 doors 变量后，模型分类准确率得到了提高。

本节主要从模型参数和特征数量两方面对模型进行优化。从具体结果可以看出，n_estimators 参数值的增加和删除特征重要性较小的变量都会使模型分类准确率得到提高。

9.4 本章小结

　　本章完整阐述了集成学习算法及其两大流派，并重点围绕 Bagging 系列的代表算法——随机森林展开。随机森林在完成分类任务时，新的输入样本进入，就让森林中的每棵决策树分别对其进行判断和分类，每棵决策树都会得到一个自己的分类结果，决策树的分类结果中哪个分类最多，随机森林就会把这个结果当作最终结果。随机森林的这种思想极好地解决了决策树过拟合的问题。另外，随机森林算法在模型参数和特征数量两方面的调整都可实现对模型的优化。

9.5 本章习题

　　1. 概述随机森林算法。

　　2. 集成学习中的 Boosting 是什么？

　　3. 集成学习中 Boosting 与 Bagging 的区别是什么？

　　4. 简述随机森林算法的优/缺点。

　　5. 随机森林算法的随机性体现在哪里？

习题解析

第 *10* 章

AdaBoost 算法

中国古代有一句经典的话,"三个臭皮匠顶个诸葛亮"。这句话传达的是一种集体的力量和团结合作的精神。它告诉我们,即使每个人单独来看都不那么出色,但是当他们团结在一起时,就可以产生强大的力量,甚至可以超越那些单打独斗的个体。

在机器学习中,有的算法也有着类似的特性。其中,AdaBoost算法就是一种典型的集成学习算法,它将多个弱分类器组合起来,形成一个强分类器。每个弱分类器只对一部分样本的分类结果负责,而强分类器则根据每个弱分类器的分类结果进行加权求和,得到最终的分类结果。将多个不同的分类器集成在一起,使它们能够相互协作,从而提高预测的准确率。

第 9 章所讲解的集成学习可按照个体分类器之间是否存在依赖关系将其分为两种,一种是个体分类器之间具有强依赖关系,另一种是个体分类器之间不具有强依赖关系,而前者的代表算法就是 Boosting 系列算法。在此系列算法中,AdaBoost 算法是最著名的算法之一,因此本章对 AdaBoost 算法进行深入讲解。

10.1 算法概述

10.1.1 Boosting 算法概述

Boosting 算法是可将弱分类器提升为强分类器的串行生成算法,它的个体分类器之间具有强依赖关系且必须串行生成,即每次训练都是对上一次的修正,使其更注重上一次训练时出现判断错误的样本(错分样本),并为错分样本赋予更大的权重,在训练得到 N 个分类器后,对这些分类器进行加权求和以得到最后可用的强分类器。

Boosting 算法的流程如图 10.1 所示。

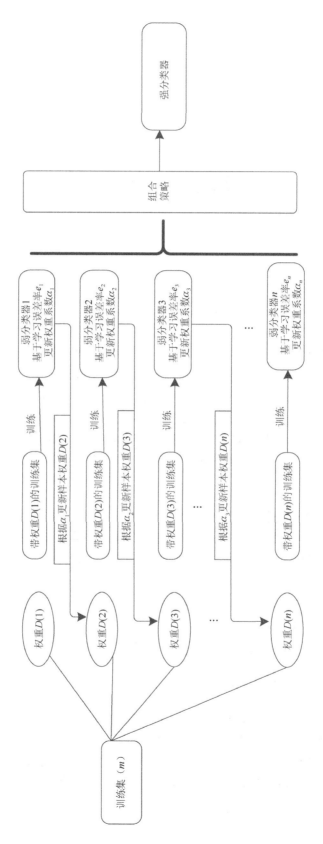

图 10.1 Boosting 算法的流程

从图 10.1 中可以看出，Boosting 算法的工作机制是，首先根据训练集，用初始权重训练出一个弱分类器 1，根据弱分类器的学习误差率表现更新训练样本的权重，使得弱分类器 1 的学习误差率高的训练样本点的权重变大，让这些学习误差率高的训练样本点在后面的弱分类器 2 中得到更多的重视；然后基于调整权重后的训练集训练弱分类器 2，如此重复进行，直到弱分类器达到事先指定的数目 n，最终将这 n 个弱分类器通过组合策略进行整合，得到行之有效的强分类器。

不过有几个具体的问题，Boosting 算法没有详细说明。

（1）如何计算错误率 ϵ。

（2）如何得到弱分类器的权重系数 α。

（3）如何更新样本权重 D。

（4）使用何种组合策略。

下面讨论 AdaBoost 算法是如何解决上述问题的。

10.1.2 AdaBoost 算法概述

AdaBoost 算法的目的是从训练数据中学习一系列弱分类器，并将这些弱分类器组合成一个强分类器。本节通过解决 10.1.1 节中的 4 个问题来实现 AdaBoost 算法。

在解决问题前，先进行样本权重的计算。

（1）赋予训练集中的每个样本一个权重，构成权重向量 D，将权重向量 D 初始化为相等值。

（2）假设有 n 个样本的训练集 $T = \left\{(x_1, y_1), (x_2, y_2), \cdots, (x_n, y_n)\right\}$，设定每个样本的权重都相等，则权重为 $\dfrac{1}{n}$。

接下来进行问题的处理。

1. 计算错误率

在训练集上训练出一个弱分类器，并计算其错误率：

$$= \frac{\text{错分样本数量}}{\text{样本总数}} \tag{10.1}$$

2. 计算弱分类器的权重系数

为当前分类器赋予权重系数 α，α 的计算公式为 $\alpha = \dfrac{1}{2}\ln\left(\dfrac{1-}{}\right)$，计算出 α 值之后，可以对权重向量 D 进行更新，使那些正确分类的样本的权重减小而使错分样本的权重增大。

3. 调整权重值

如果某个样本被正确分类，那么该样本的权重更改为

$$D_i^{(t+1)} = \frac{D_i^{(t)} e^{-\alpha}}{\text{Sum}(\boldsymbol{D})} \qquad (10.2)$$

如果某个样本被错分,那么该样本的权重更改为

$$D_i^{(t+1)} = \frac{D_i^{(t)} e^{\alpha}}{\text{Sum}(\boldsymbol{D})} \qquad (10.3)$$

在计算出 $\boldsymbol{D}$ 之后,AdaBoost 算法开始进入下一次迭代。AdaBoost 算法会不断地重复训练和调整权重,直到训练错误率为 0 或弱分类器的数目达到用户指定值。

4. 组合策略

AdaBoost算法的组合策略和分类问题稍有不同,它采用的是对加权的弱分类器取权重中位数对应的弱分类器作为强分类器的方法,最终的强分类器为

$$f(x) = G_{k^*}(x) \qquad (10.4)$$

其中,$G_{k^*}(x)$ 是所有 $\ln\dfrac{1}{\alpha_k}$ ($k = 1,2,\cdots,n$)的中位数对应序号 k^* 对应的弱分类器。

10.2 实验数据

实验方法:AdaBoost 算法。

实验数据集:马疝病数据集。

实验目的:预测病马的死亡率。

10.2.1 准备数据

1. 数据集介绍

马疝病数据集中的数据主要是根据疝气病症预测病马的死亡率。该数据集有以下两个数据文件。

(1)horse-colic.data:300 个训练实例。

(2)horse-colic.test:68 个测试实例。

马疝病数据集具体的属性变量如表 10.1 所示。

表 10.1　马疝病数据集具体的属性变量

编号	属性名	编号	属性名
1	手术	4	直肠温度
2	年龄	5	脉搏
3	医院编号	6	呼吸频率

续表

编号	属性名	编号	属性名
7	四肢温度	17	直肠检测-粪便
8	外周脉搏	18	腹部
9	黏膜	19	细胞积压
10	毛细血管再充盈时间	20	总蛋白
11	疼痛	21	腹腔穿刺外观
12	蠕动	22	腹腔穿刺总蛋白
13	腹胀	23	结果
14	鼻胃管	24	手术损伤
15	鼻胃反流	25、26、27	病变类型
16	鼻胃反流 pH	28	cp_data

2. 数据集下载

加利福尼亚大学尔湾分校收集并公开了多个用于机器学习的数据集，如马疝病数据集。

10.2.2 处理数据

导入数据集并将数据划分后放入集合中。

```
def loadDataSet(filename):
    dim = len(open(filename).readline().split('\t'))  #获取每个样本的维度（包括标签）
    data = []
    label = []
    fr = open(filename)
    for line in fr.readlines():  #一行一行地读取
        LineArr = []
        curline = line.strip().split('\t')#以 Tab 键划分，去除数据集文本里面的空格
        print(curline)
        for i in range(dim-1):
            LineArr.append(float(curline[i]))
        data.append(LineArr)
        label.append(float(curline[-1]))
    return data,label
```

10.3 算法实战

10.3.1 算法构建

由于 AdaBoost 算法应用在单层决策树分类器上，因此本节先建立一个基于单层决策树构建的弱分类器，通过该分类器的不断迭代来实现完整的 AdaBoost 算法。

1. 基于单层决策树构建弱分类器

单层决策树（Decision Stump，决策树桩）是一种简单的决策树。接下来构建一棵单层决策树，它仅基于单个特征做决策。

在构建 AdaBoost 算法的代码时，先构建一个简单数据集，确保所写出的函数能够正常运行。

```
from numpy import matrix
def loadSimpData():
    datMat = matrix(
     [[1.,2.1],[2.,1],[1.3,1.],[1.,1.],[1.5,1.6]]
    )
    classLabels = [1.0,1.0,-1.0,-1.0,1.0]
    return datMat,classLabels
```

构建数据可视化函数并运行，查看数据分布。

```
import matplotlib.pyplot as plt
def showPlot(datMat,classLabels):
    x = np.array(datMat[:,0])
    print(x)
    y = np.array(datMat[:,1])
    label = np.array(classLabels)
    plt.scatter(x,y,c=label)
    plt.show()
```

图 10.2 所示为数据集示意图。可以发现，如果想要试着从某个坐标轴上选择一个值（选择一条与坐标轴平行的直线）将不同颜色的圆点分开，那么这显然是不可能的，这就是单层决策树难以处理的一个著名问题。因此，利用 AdaBoost 算法将多棵单层决策树组合在一起来有效解决此问题，并对该类数据集进行正确的分类。

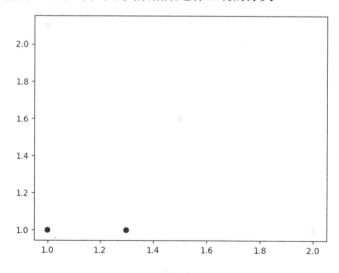

图 10.2　数据集示意图

建立两个函数来实现单层决策树，其中，第一个函数用于测试是否有某个值小于或大于正在测试的阈值；第二个函数会在一个加权数据集中进行循环，并找到具有最低错误率的单层决策树。

这个程序的伪代码大致如下。

```
将最低错误率 minError 设为+∞
对于数据集中的每个特征（第 1 层循环）：
    对于每个步长（第 2 层循环）：
        对于每个不等号（第 3 层循环）：
            建立一棵单层决策树并利用加权数据集对它进行预测
            如果错误率低于 minError，则将当前单层决策树设为最佳单层决策树
返回最佳单层决策树
```

接下来构建第一个函数，该函数通过阈值的比较对数据进行分类。所有在阈值一侧的数据都会被分到类别"-1"中，在阈值另一边的数据都会被分到类别"+1"中。该函数可以通过数组过滤来实现，首先将返回数组的全部元素设置为 1，然后将所有不满足不等式要求的元素设置为-1。可以基于数据集中的任一元素进行比较，也可以将不等号在大于、小于之间切换。

```python
def stumpClassify(dataMat, dimen, threshVal, threshIneq):
    """stumpClassify()函数将数据集按照 feature 列的 value 进行二分法切分比较来进行
赋值分类（或在对数据集进行训练后，用二分法对特征列的数值进行赋值分类）
    参数说明：
    dataMat——Matrix 数据集
    dimen——特征列
    threshVal——特征列要比较的值
    返回：
    retArray——结果集
    """
    # 默认都是 1
    retArray = np.ones((np.shape(dataMat)[0], 1))
    # dataMat[:, dimen] 表示数据集中第 dimen 列的所有值
    # threshIneq == 'lt'表示修改阈值左侧的值，gt 表示修改阈值右侧的值
    if threshIneq == 'lt':
        retArray[dataMat[:, dimen] <= threshVal] = -1.0
    else:
        retArray[dataMat[:, dimen] > threshVal] = -1.0
    return retArray
```

下面构建第二个函数，该函数会遍历第一个函数所有的可能输入值，并找到数据集上的最佳单层决策树。这里的"最佳"是基于数据的权重向量 *D* 来定义的。在确保输入数据符合矩阵格式之后，整个函数就开始执行了。之后，函数将构建一个被称为 bestStump 的空字典，这个字典用于存储给定权重向量 *D* 时得到的最佳单层决策树的相关信息。变量 numSteps 用于在特征的所有可能值上进行遍历。而变量 minError 则在一开始就被初始化为

正无穷大，之后用于寻找可能的最低错误率。

```
dataMat = np.mat(dataArr)
labelMat = np.mat(labelArr).T
m, n = np.shape(dataMat)
numSteps = 10.0
bestStump = {}
bestClasEst = np.mat(np.zeros((m, 1)))
minError = np.inf
```

函数的主要部分由 3 层 for 循环组成。第 1 层 for 循环在数据集的所有特征上进行遍历；第 2 层 for 循环在这些值上进行遍历，甚至将阈值设置为整个取值范围之外也是可以的；第 3 层 for 循环在大于和小于之间切换不等式。在嵌套的 3 层 for 循环内，在数据集及 3 个循环变量上调用 stumpClassify() 函数。基于这些循环变量，该函数将返回分类预测结果。

```
for i in range(n):
    rangeMin = dataMat[:, i].min()
    rangeMax = dataMat[:, i].max()
    stepSize = (rangeMax - rangeMin) / numSteps
    for j in range(-1, int(numSteps) + 1):
      for inequal in ['lt', 'gt']:
      threshVal = (rangeMin + float(j) * stepSize)
      predictedVals = stumpClassify(dataMat, i, threshVal, inequal)
      errArr = np.mat(np.ones((m, 1)))
      errArr[predictedVals == labelMat] = 0
    weightedError = D.T * errArr
    if weightedError < minError:
      minError = weightedError
      bestClasEst = predictedVals.copy()
      bestStump['dim'] = i
      bestStump['thresh'] = threshVal
      bestStump['ineq'] = inequal
      return bestStump, minError, bestClasEst
```

运行测试函数并查看结果：

```
m = xMat.shape[0]
D = np.mat(np.ones((m, 1)) / m) #初始化样本权重（每个样本的权重均相等）
bestStump,minE,bestClas= buildStump(dataArr, labelArr, D)
```

至此，已经构建了单层决策树，做好了过渡到完整 AdaBoost 算法的准备。

2. 完整 AdaBoost 算法的实现

前面构建了一个基于加权输入值进行决策的分类器，拥有了实现一个完整 AdaBoost 算法所需的所有信息。现在，利用前面构建的单层决策树来实现完整的 AdaBoost 算法。

完整 AdaBoost 算法实现的伪代码如下。

对于每次迭代：

　　利用 bestStump() 函数找到最佳单层决策树

　　将最佳单层决策树加入单层决策树数组

　　计算分类器权重系数 α

　　更新样本权重向量 D

　　更新累积类别估计值

　　如果错误率等于 0，则退出循环

基于单层决策树的 AdaBoost 训练过程，其算法核心在于 for 循环，该循环运行 numIt 次或直到训练错误率为 0。循环中的第一件事就是利用 buildStump() 函数建立一棵单层决策树。该函数的输入为权重向量 D，返回是利用 D 得到的具有最低错误率的单层决策树，同时返回的还有最低错误率及估计的类别向量。

```
for i in range(numIt):
    bestStump, error, classEst = buildStump(dataArr, labelArr, D)
```

接下来计算 α 值，该值会告诉总分类器本次单层决策树输出结果的权重，其中的语句 $\max(error, 1e-16)$ 用于确保在没有错误时不会发生除零溢出。

```
alpha = float(0.5 * np.log((1.0 - error) / max(error, 1e-16)))
```

以下代码用于计算下一次迭代中的新权重向量 D。在训练错误率为 0 时，就要提前结束 for 循环。此时，程序是通过 aggClassEst 变量保持一个运行时的类别估计值来实现的。为了得到二分类结果，还需要调用 sign() 函数。如果总错误率为 0，则由 break 语句终止 for 循环。

```
expon = np.multiply(-1 * alpha * np.mat(labelArr).T, classEst)
D = np.multiply(D, np.exp(expon))
D = D / D.sum()
aggClassEst += alpha * classEst
aggErrors = np.multiply(np.sign(aggClassEst) != np.mat(labelArr).T,
np.ones((m, 1)))
errorRate = aggErrors.sum() / m
if errorRate == 0.0:
break
```

运行函数，查看结果：

```
weakClass, aggClass = adaBoostTrainDS(dataArr, labelArr, numIt=40)
weakClass
aggClass
```

一旦拥有了多个弱分类器及其对应的 α，进行测试就变得相当容易了。现在需要做的就是将弱分类器的训练过程从程序中抽出来，应用到某个具体的实例上。每个弱分类器的结果以其对应的 α 值作为权重。对所有这些弱分类器的结果进行加权求和就会得到最后的结果。下面列出了实现这一过程的代码。

```
def adaClassify(datToClass, classifierArr):
    # do stuff similar to last aggClassEst in adaBoostTrainDS
```

```
        dataMat = np.mat(datToClass)
        m = np.shape(dataMat)[0]
        aggClassEst = np.mat(np.zeros((m, 1)))
        for i in range(len(classifierArr)):
            classEst = stumpClassify(dataMat, classifierArr[i]['dim'],
classifierArr[i]['thresh'], classifierArr[i]['ineq'])
            aggClassEst += classifierArr[i]['alpha'] * classEst
        return np.sign(aggClassEst)
```

10.3.2 训练测试数据

本节把 AdaBoost 分类器应用在马疝病数据集上，构建训练分类器。

```
def calAcc(maxC = 40):
train_xMat,train_yMat = get_Mat('horseColicTraining.txt')
m=train_xMat.shape[0]
weakClass, aggClass =Ada_train(train_xMat, train_yMat, maxC)
yhat = AdaClassify(train_xMat,weakClass)
train_re=0
for i in range(m):
    if yhat[i]==train_yMat[i]:
    train_re+=1
    train_acc = train_re/m
    print(f'训练集准确率为{train_acc}')
test_re=0
test_xMat,test_yMat=get_Mat('horseColicTest.txt')
n=test_xMat.shape[0]
yhat = AdaClassify(test_xMat,weakClass)
for i in range(n):
    if yhat[i]==test_yMat[i]:
    test_re+=1
    test_acc=test_re/n
    print(f'测试集准确率为{test_acc}')
return train_acc,test_acc
```

运行函数，查看结果：

```
calAcc(maxC = 40)
```

10.3.3 结果分析

仅用 40 个弱分类器就可以使训练集和测试集的准确率都达到 80%，在不同弱分类器数目下，AdaBoost 算法预测病马死亡率的准确率如表 10.2 所示。

```
Cycles=[1,10,50,100,500,1000,10000]
train_acc=[]
```

```
test_acc=[]
for maxC in Cycles:
    a,b=calAcc(maxC)
    train_acc.append(round(a*100,2))
    test_acc.append(round(b*100,2))
df=pd.DataFrame({'分类器数目':Cycles, '训练集准确率':train_acc, '测试集准确率':test_acc})
```

表 10.2　AdaBoost 算法预测病马死亡率的准确率

弱分类器数目/个	训练集准确率/%	测试集准确率/%
1	71.57	73.13
10	76.59	76.12
50	80.94	79.1
100	80.94	77.61
500	83.95	74.63
1000	85.95	73.13
10000	89.63	67.16

　　从上述结果中可以看出，当弱分类器数目达到 50 个时，训练集和测试集的准确率均达到了一个比较高的值，但是如果继续增大弱分类器数目，那么测试集准确率反而开始下降，这就是所谓的过拟合。

10.4　本章小结

　　本章介绍了 Boosting 算法中最流行的被称为 AdaBoost 的算法。AdaBoost 算法以弱学习器作为基础分类器，并且输入数据，使其通过权重向量进行加权。在第 1 次迭代中，所有数据的权重都相等。但是在后续的迭代过程中，前次迭代中错分数据的权重会增大。这种针对错误的调节能力正是 AdaBoost 算法的长处。并且，本章以单层决策树作为弱学习器构建了 AdaBoost 分类器。实际上，AdaBoost 函数可以应用于任意分类器，只要该分类器能够处理加权数据即可。

　　AdaBoost 算法十分强大，它能够快速处理其他分类器很难处理的数据集，但它对异常样本敏感的缺点使其在对异常样本进行迭代时，异常样本可能会获得较大的权重，从而影响最终的强学习器的预测准确率，因此要继续学习后面的知识来克服这一缺点。

10.5　本章习题

1. 简述 AdaBoost 算法权重更新过程。
2. AdaBoost 算法为什么能快速收敛？
3. 简述 AdaBoost 算法的优/缺点。

习题解析

第11章

Apriori 算法

学而思行

在《孙子兵法·谋攻篇》中提到，"知己知彼，百战不殆"。这是中国古代军事家孙武（孙子）提出的作战思想，要求军事指挥员必须通过周密的调查和侦察，对敌我双方的情况至少做到知其大略、知其要点，以增强对于战局的预见性，避免盲目性。

分析并挖掘事物之间的关联规则是至关重要的。例如，在商品推荐中，商家怎么能更好地了解客户的需求和购买行为，从而提供个性化的推荐服务呢？这种个性化的推荐服务可以更好地满足客户的需求，提高销售额和客户满意度。Apriori 算法的应用与"知己知彼，百战不殆"的思想类似，都是通过了解自己和对方的情况制定出更好的策略或方案，以达到成功的目的。

Apriori 算法是一种用于挖掘数据之间的关联规则的算法，其主要目的是找出数据集中频繁出现的项集，通过这些项集的模式可以做出一些决策。在实际应用中，Apriori 算法通常用于分析超市购物数据集和电商网购数据集等商业数据集。通过使用 Apriori 算法，可以找到哪些商品经常一起被购买，从而优化商品的摆放位置和销售策略，进而优化商业决策和提高经济效益。

11.1 算法概述

11.1.1 关联分析

关联分析（Association Analysis）是一种在大规模数据集中寻找有趣关系的无监督学习算法。这种有趣关系可以有两种形式：频繁项集或关联规则。频繁项集（Frequent Item Sets）是经常出现在一起的物品的集合，关联规则（Association Rules）暗示两种物品之间可能存在很强的关联。

1. 频繁项集

频繁项集旨在发现那些支持度不低于用户指定阈值的所有项集。其中用户指定的阈值为最低支持度，用 Min_{sup} 表示，反映了所关注的项集的最低重要性，此时频繁项集（X）可表示为

$$\text{support}(X) = \frac{\text{count}(X)}{\text{countAll}} \geqslant \text{Min}_{\text{sup}} \tag{11.1}$$

在频繁项集中，有以下两个重要特性。

（1）如果一个项集是频繁的，那么它的所有非空子集都是频繁的。

（2）如果一个项集不是频繁的，那么它的所有超集也都不是频繁的。

2. 关联规则

关联规则反映一个事物与其他事物之间的相互依存性和关联性，是数据挖掘的一种重要技术，用于从大量数据中挖掘出有价值数据项之间的相关关系，其形如 $X \Rightarrow Y$ 的蕴含式，其中，X、Y 分别是 I 的真子集，并且 $X \cap Y = \varnothing$。X 称为规则的前提，Y 称为规则的结果。关联规则反映 X 中的某一事物出现时，项集 Y 也可能以某一概率出现在该事物中。

关联规则中有两个重要的属性，分别是支持度和可信度。

（1）支持度是某一项集的频繁程度，是关联规则重要性的衡量准则，用于表示该项集的重要性。支持度是包含项集 X、Y 的事务数量与事务集总数 countAll 的比值，反映了 X、Y 项集同时出现的频率：

$$\text{support}(X \Rightarrow Y) = \frac{\text{count}(X \cup Y)}{\text{countAll}} \tag{11.2}$$

（2）可信度用来确定项集 Y 在包含项集 X 的事务中出现的频繁程度，即可信度是项集 Y 在项集 X 条件下的条件概率，是对关联规则准确度的衡量准则，表示规则的可靠程度。可信度是包含项集 X、Y 的事务数量与项集 X 的事务数量的比值：

$$\text{Confidence}(X \Rightarrow Y) = \frac{\text{support}(X \Rightarrow Y)}{\text{support}(X)} \tag{11.3}$$

通过以下两种方法可以降低产生频繁项集的计算复杂度。

（1）减少候选项集的数目 M。

（2）减少比较次数。在候选项集与每个事务的匹配中，可以使用更高级的数据结构，或者存储候选项集、压缩数据集来减少比较次数。

11.1.2 Apriori 算法思想

Apriori 算法是一种经典的频繁项集挖掘算法，其主要思想基于 Apriori 性质，通过一

次次的迭代和剪枝操作,逐渐生成和挖掘出频繁项集,最终得到频繁 K 项集。这里有两个步骤,第一是要找到符合支持度标准的频繁项集,但这样的频繁项集可能有很多;第二是要找到最大个数的频繁项集。例如,找到符合支持度的频繁项集 A、B 和 A、B、E,此时,A、B 会被丢弃,只保留 A、B、E,因为 A、B 是频繁 2 项集,而 A、B、E 是频繁 3 项集。那么,具体的 Apriori 算法是如何做到挖掘频繁 K 项集的呢?

Apriori 算法采用逐层搜索的迭代方法,先搜索出候选 1 项集及其对应的支持度,剪枝去掉低于支持度的 1 项集,得到频繁 1 项集;然后对剩下的频繁 1 项集进行连接,得到候选频繁 2 项集,筛选去掉低于支持度的候选频繁 2 项集,得到真正的频繁 2 项集,依次类推,直到无法找到频繁 $k+1$ 项集,对应频繁 k 项集的集合即算法的输出结果。

为了方便读者了解 Apriori 算法,这里以一个简单的例子对该算法中的各个步骤进行解释分析。假定事物数据集如表 11.1 所示。

表 11.1　事物数据集

TID	项集
001	A、B、C
002	B、C、D
003	B、E
004	A、B、C、D

先将所有 1 项集作为候选项集,通过扫描数据集中的所有事务生成一个候选 1 项集 C_1;然后计算出每个候选 1 项集出现的次数,并根据预先设定的最小阈值(最低支持度为 2,支持度 50%)选择频繁 1 项集 L_1,具体过程如表 11.2 所示。

表 11.2　选择频繁 1 项集 L_1 的过程

候选 1 项集 C_1	1 项集	支持度计数	频繁 1 项集 L_1	支持度计数
{A}	{A}	2	{A}	2
{B}	{B}	4	{B}	3
{C}	{C}	3	{C}	4
{D}	{D}	2	{D}	2
{E}	{E}	1		

通过项集 L_1 产生候选频繁 2 项集 L_2,具体过程如表 11.3 所示。

表 11.3　产生候选频繁 2 项集 L_2 的过程

候选 2 项集 C_2	2 项集	支持度计数	候选频繁 2 项集 L_2	支持度计数
{A,B}	{A,B}	2	{A,B}	2
{A,C}	{A,C}	2	{A,C}	2
{A,D}	{A,D}	1	{B,C}	3
{B,C}	{B,C}	3	{B,D}	2
{B,D}	{B,D}	2	{C,D}	2
{C,D}	{C,D}	2		

通过项集 L_2 产生候选频繁 3 项集 L_3,具体过程如表 11.4 所示。

表 11.4 产生候选频繁 3 项集 L_3 的过程

候选 3 项集 C_3	3 项集	支持度计数	候选频繁 3 项集 L_3	支持度计数
{A,B,C}	{A,B,C}	1	{B,C,D}	2
{A,B,C,D}	{A,B,C,D}	1		
{A,B,D}	{A,B,D}	1		
{A,C,D}	{A,C,D}	1		
{B,C,D}	{B,C,D}	2		

因为项集 L_3 无法产生候选频繁 4 项集 L_4,所以终止迭代过程。在实际情况中,当数据较多时,一层层地向上寻找,当无法继续构造时,停止处理。

根据产生的频繁项集生成关联规则,利用 $L_3=\{B,C,D\}$ 产生关联规则,确定该频繁项集中的所有非空子集,如表 11.5 所示。

表 11.5 L_3 中的所有非空子集

L_3 中的所有非空子集	支持度计数
{B}	4
{C}	3
{D}	2
{B,C}	3
{B,D}	2
{C,D}	2

根据各项频繁子集产生关联规则,并计算各个表达式的可信度,计算过程如表 11.6 所示。

表 11.6 表达式可信度的计算过程

关联规则序号	关联规则	支持度	可信度
1	{B} $\Rightarrow$ {C}	3/4=75%	3/4=75%
2	{B} $\Rightarrow$ {D}	3/4=75%	3/4=75%
3	{B} $\Rightarrow$ {C,D}	2/4=50%	2/3≈66.7%
4	{C} $\Rightarrow$ {B}	3/4=75%	3/3=100%
5	{C} $\Rightarrow$ {D}	2/4=50%	2/3≈66.7%
6	{C} $\Rightarrow$ {B,D}	2/4=50%	2/3≈66.7%
7	{D} $\Rightarrow$ {B}	3/4=75%	3/3=100%
8	{D} $\Rightarrow$ {C}	2/4=50%	2/3≈66.7%
9	{D} $\Rightarrow$ {B,C}	2/4=50%	3/3=100%
10	{C,D} $\Rightarrow$ {B}	2/4=50%	3/3=100%
11	{B,D} $\Rightarrow$ {C}	2/4=50%	3/3=100%
12	{B,C} $\Rightarrow$ {D}	2/4=50%	2/3≈66.7%

从上述过程中可以看出，支持度越高，可信度越高（如关联规则 2 与关联规则 3），关联规则的实用机会就大，此关联规则就越重要；一些关联规则的可信度很高，但支持度很低（如关联规则 9/10/11），此关联规则就不那么重要。

11.2 实验数据

实验方法：Apriori 关联分析。

实验数据集：Groceries Dataset。

实验目的：分析商品的受欢迎程度。

11.2.1 准备数据

1. 数据集介绍

购物篮分析是大型零售商用来发现商品之间的关联的关键技术之一，它的工作原理是寻找在交易中经常一起出现的项目组合。本数据集有 38765 条来自杂货店客户的采购订单，包括客户编号、购买日期及产品清单。

2. 数据集下载

Kaggle 是一个数据分析的竞赛平台，在该平台上可以寻找当前热门的比赛和可用的数据集。本实验数据集名为 Groceries Dataset，可自行在 Kaggle 中搜索并下载。

导入 Groceries Dataset：

```
import numpy as np
import pandas as pd
import matplotlib.pyplot as plt
import seaborn as sns
from apyori import apriori
data='/Users/weimingchen/Apriori/data_mine-master/data_minemaster/dataset/
Groceries_dataset.csv'
    df = pd.read_csv(data, header=None, sep=',\s')
```

11.2.2 分析数据

现在，查看数据集的相关信息以便对数据集中的数据进行分析。

通过运行下面的代码可以得到数据集中有 38765 个实例、3 种数据属性，以及数据集中前 5 行数据的展示。

```
df.shape
df.head()
```

```
out:
    (38765, 3)
```

使用 info() 方法查看数据集摘要：

```
df.info()
out:
    <class 'pandas.core.frame.DataFrame'>
    RangeIndex: 38766 entries, 0 to 38765
    Data columns (total 3 columns):
    #   Column  Non-Null Count  Dtype
    ---  ------  --------------  -----
    0   0       38766 non-null  object
    1   1       38766 non-null  object
    2   2       38766 non-null  object
    dtypes: object(3)
    memory usage: 908.7+ KB
```

返回数据集中销量最高的 10 件商品：

```
df.itemDescription.value_counts().head(10)
out:
    whole milk          2502
    other vegetables    1898
    rolls/buns          1716
    soda                1514
    yogurt              1334
    root vegetables     1071
    tropical fruit      1032
    bottled water        933
    sausage              924
    citrus fruit         812
    Name: itemDescription, dtype: int64
```

11.2.3　处理数据

将数据集处理为只有商品数据的数据集，方便算法在该数据集上的应用。整体实现过程如下：

```
data='/Users/weimingchen/Apriori/data_mine-master/data_mine-master/dataset/
Groceries_dataset.csv'
df = pd.read_csv(data)
df.itemDescription.value_counts().head(10)
data = df.copy()
data1 = df.copy()
data = pd.get_dummies(data['itemDescription'])
```

```
data1.drop(['itemDescription'], axis = 1, inplace = True)
data1 = data1.join(data)
data1.head()

products = df['itemDescription'].unique()
data2 = data1.groupby(['Member_number', 'Date'])[products[:]].sum()
data2 = data2.reset_index()[products]
def funct(data):
  for i in products:
    if data[i] > 0:
      data[i] = i
return data
data2 = data2.apply(funct, axis = 1)
data2.head()
newdata = data2.values
newdata = [i[i!=0].tolist() for i in newdata if i[i!=0].tolist()]
newdata[:10]
out:
    [['whole milk', 'yogurt', 'sausage', 'semi-finished bread'],
    ['whole milk', 'pastry', 'salty snack'],
    ['canned beer', 'misc. beverages'],
    ['sausage', 'hygiene articles'],
    ['soda', 'pickled vegetables'],
    ['frankfurter', 'curd'],
    ['whole milk', 'rolls/buns', 'sausage'],
    ['whole milk', 'soda'],
    ['beef', 'white bread'],
    ['frankfurter', 'soda', 'whipped/sour cream']]
```

至此，可以将处理后的数据集输入 Apriori 算法中进行关联分析。

11.3　算法实战

11.3.1　算法构建

Apriori 算法的伪代码如下：

当集合中项集的个数大于 0 时

构建一个由 k 个项集组成的候选项集列表

检查数据以确认每个项集都是频繁的

保留频繁项集并构建由 $k+1$ 项组成的候选项集列表

接下来通过伪代码的流程来完成完整的 Apriori 算法。

1. 构建候选项集

通过 for 循环遍历整个数据集生成 C1 候选集:

```
def create_C1(self,dataset):#遍历整个数据集生成C1候选集
    C1=set()
    for i in dataset:
        for j in i:
            item = frozenset([j])
            C1.add(item)
    return C1
```

通过频繁项集 Lk_1 创建 Ck 候选项集,并通过遍历找出前 n-1 个元素相同的项,生成下一候选项集:

```
def create_ck(self,Lk_1,size):#通过频繁项集Lk_1创建Ck候选项集
    Ck = set()
    l = len(Lk_1)
    lk_list = list(Lk_1)
    for i in range(l):
        for j in range(i+1, l):#两次遍历Lk_1,找出前n-1个元素相同的项
            l1 = list(lk_list[i])
            l2 = list(lk_list[j])
            l1.sort()
            l2.sort()
            if l1[0:size-2] == l2[0:size-2]:#只有最后一项不同时,生成下一候选项集
                Ck_item = lk_list[i] | lk_list[j]
            if self.has_infrequent_subset(Ck_item, Lk_1):
                Ck.add(Ck_item)
return Ck
```

2. 构建频繁项集

通过候选项集 Ck 生成 Lk,并将各频繁项集的支持度保存到 support_data 字典中:

```
def generate_lk_by_ck(self,data_set,ck,min_support,support_data):
    item_count={}#用于标记各候选项集在数据集中出现的次数
    Lk = set()
    for t in tqdm(data_set):#遍历数据集
        for item in Ck:#检查候选项集Ck中的每项是否出现在事务t中
            if item.issubset(t):
                if item not in item_count:
                    item_count[item] = 1
                else:
                    item_count[item] += 1
```

```
        t_num = float(len(data_set))
        for item in item_count:#将满足支持度的候选项集添加到频繁项集中
            if item_count[item] >= min_support:
                Lk.add(item)
                support_data[item] = item_count[item]
        return Lk
```

生成所有频繁项集的主函数，*k* 为最大频繁项集的大小：

```
def generate_L(self,data_set, min_support):#用于生成所有频繁项集的主函数
    support_data = {} #用于保存各频繁项集的支持度
    C1 = self.create_c1(data_set) #生成 C1
    #根据 C1 生成 L1
    L1 = self.generate_lk_by_ck(data_set, C1, min_support, support_data)
    Lksub1 = L1.copy() #初始时, Lk_1=L1
    L = []
    L.append(Lksub1)
    i=2
    while(True):
        Ci = self.create_ck(Lksub1, i)  #根据 Lk_1 生成 Ck
        #根据 Ck 生成 Lk
        Li = self.generate_lk_by_ck(data_set, Ci, min_support, support_data)
        if len(Li)==0:break
        Lksub1 = Li.copy()  #下次迭代时 Lk_1=Lk
        L.append(Lksub1)
        i+=1
    for i in range(len(L)):
        print("frequent item {}: {}".format(i+1,len(L[i])))
    return L, support_data
```

3. 生成关联规则

根据频繁项集和支持度生成关联规则：

```
def generate_R(self,dataset, min_support, min_conf):
    L,support_data=self.generate_L(dataset,min_support)
    rule_list = []#保存满足可信度的规则
    sub_set_list = []#该数组保存检查过的频繁项集
    for i in range(0, len(L)):
        for freq_set in L[i]:#遍历 Lk
            for sub_set in sub_set_list:#sub_set_list 中保存的是 L1 到 Lk_1
                if sub_set.issubset(freq_set):#检查 sub_set 是否为 freq_set 的子集
                    #检查可信度是否满足要求，若满足，则将其添加到关联规则
                    conf = support_data[freq_set] / support_data[freq_set -
sub_set]
```

```
            big_rule = (freq_set - sub_set, sub_set, conf)
            if conf >= min_conf and big_rule not in rule_list:
                rule_list.append(big_rule)
        sub_set_list.append(freq_set)
rule_list = sorted(rule_list,key=lambda x:(x[2]),reverse=True)
return rule_list
```

11.3.2　训练测试数据

```
# 加载数据
data=load_data(path)
# 实例化模型
apriori=Apriori()
# 设置最低支持度和最低可信度
rule_list=apriori.generate_R(data,min_support=20,min_conf=0.8)
```

11.3.3　结果分析

设定最低可信度为 0.8，此时，可信度低于 0.8 的结果将会被舍弃，即不会被放入结果数据中。运行结果如图 11.1 所示。

编号	可信度	结果展示
1	0.886	['whole milk', 'tropical fruit', 'root vegetables', 'citrus fruit']=>['other vegetables']
2	0.846	['butter', 'other vegetables', 'pork']=>['whole milk']
3	0.833	['fruit/vegetable juice', 'yogurt', 'root vegetables', 'other vegetables']=>['whole milk']
4	0.824	['domestic eggs', 'other vegetables', 'curd']=>['whole milk']
5	0.821	['tropical fruit', 'herbs']=>['whole milk']
6	0.821	['yogurt', 'root vegetables', 'other vegetables', 'citrus fruit']=>['whole milk']
7	0.815	['yogurt', 'root vegetables', 'rolls/buns', 'tropical fruit']=>['whole milk']
8	0.806	['curd', 'hamburger meat']=>['whole milk']
9	0.800	['rolls/buns', 'herbs']=>['whole milk']
10	0.800	['tropical fruit', 'whole milk', 'grapes']=>['other vegetables']
11	0.800	['fruit/vegetable juice', 'yogurt', 'root vegetables', 'whole milk']=>['other vegetables']

图 11.1　运行结果

11.4　本章小结

关联分析是用于发现大数据集中元素间关系的一个工具集，可以采用两种方式来量化这些关系：第一种方式是使用频繁项集，它会给出经常在一起的元素项；第二种方式是关联规则，每条关联规则意味着元素项之间的"如果……那么……"关系。

Apriori 算法是关联规则最经典的算法，常用于挖掘数据关联规则，找出数据集中频繁出现的项集，通过这些项集的模式可以做出一些决策。该算法的优点在于使用先验性质，大大提高了频繁项集逐层产生的效率，算法本身无复杂推导，简单易理解，同时对数据集要求低，因此得到了广泛应用。但是该算法也存在缺点：当事务数据库很大时，候选频繁 k 项集数量巨大；在验证候选频繁 k 项集时，需要对整个数据库进行扫描，非常耗时。

11.5　本章习题

1. 简述 Apriori 算法及其应用场景。

2. 频繁项集的两个重要特性是什么？

3. 对关联分析中的关联规则进行简述。

4. 如何降低产生频繁项集的计算复杂度？

习题解析

第三部分 深度学习

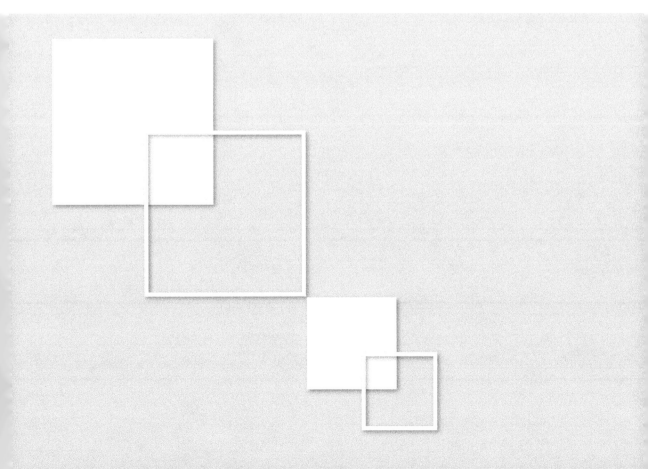

第 *12* 章

深度学习基础

庄子在《齐物论》中提到，"得其环中，以应无穷"，指的是把握事物的本质和规律，以应对复杂多变的情况。而深度学习则是模型通过模拟人类思考，深入学习样本数据的内在规律和表示层次，进而获得诸如文字、图像和声音等数据信息，目标是让机器能够像人一样具有学习和分析能力。

深度学习在搜索技术、数据挖掘、机器学习、机器翻译、自然语言处理、多媒体学习、语音、推荐和个性化技术，以及其他相关领域都取得了很多成果。深度学习使机器模仿视听和思考等人类活动，解决了很多复杂的模式识别难题，使人工智能相关技术取得了很大的进步。

12.1 基础知识

本章主要介绍深度学习的基础知识，是后续学习相关深度学习算法的基础，需要重点掌握。

12.1.1 框架介绍

深度学习框架是一种界面、库或工具，在无须深入了解底层算法细节的情况下，利用它能够更容易、更快速地构建深度学习模型。深度学习框架利用预先构建和优化好的组件集合定义模型，为模型的实现提供了一种清晰而简洁的方法。一个良好的深度学习框架具备以下关键特征。

（1）优化的性能。

（2）易于理解和编码。

（3）良好的社区支持。

（4）并行化的进程以减少计算量。

（5）自动计算梯度。

1. TensorFlow

TensorFlow 标志图如图 12.1 所示。

TensorFlow 由谷歌的研究人员和工程师开发，是深度学习领域中最常用的软件库。TensorFlow 是完全开源的，并且有出色的社区支持。TensorFlow 为大多数复杂的深度学习模型预先编写好了代码，如循环神经网络和卷积神经网络。

图 12.1　TensorFlow 标志图

TensorFlow 如此流行的原因之一是它支持多种语言来创建深度学习模型，如 Python、C 和 R 语言，并且有着良好的文档和指南。TensorFlow 有许多组件，其中最为突出的有以下两种。

（1）TensorBoard：一组用于将数据流图进行有效数据可视化的工具。

（2）Tensors：用于表示多维数组，可以包含任意数量的维度。

TensorFlow 的灵活架构使得它能够在一个或多个 CPU（GPU）上部署诸如语言检测、文本摘要、图像字幕、人脸识别、目标检测等深度学习模型。

2. Keras

Keras 标志图如图 12.2 所示。

图 12.2　Keras 标志图

Keras 用 Python 语言编写，可以在 TensorFlow、CNTK 和 Theano 上运行。TensorFlow 的接口具备挑战性，因为它是一个低级库，新用户可能很难理解某些实现。而 Keras 是一个高层的 API，它为快速实验而开发。因此，如果希望快速获得结果，那么 Keras 会自动处理核心任务并生成输出结果。**Keras** 支持卷积神经网络和递归神经网络，可以在 CPU 和 GPU 上无缝运行。

可以将 Keras 中的模型大致分为以下两类。

（1）序列化。

模型的层是按顺序定义的，这意味着在训练深度学习模型时，这些层是按顺序实现的。下面是一个顺序模型的示例：

```
from keras.models import Sequential
from keras.layers import Dense
model = Sequential()
model.add(Dense(units=64, activation='relu', input_dim=100))
model.add(Dense(units=10, activation='softmax'))
```

（2）Keras 函数 API。

Keras 函数 API 用于定义复杂模型，如多输出模型或具有共享层的模型。请看下面的代码来理解这一点：

```
from keras.layers import Input, Dense
from keras.models import Model
inputs = Input(shape=(100,))
x = Dense(64, activation='relu')(inputs)
predictions = Dense(10, activation='softmax')(x)
model = Model(inputs=inputs, outputs=predictions)
```

Keras 封装了多种模型，包括图像分类、VGG16、VGG19、Inception V3、Mobilenet，用于解决各种各样的问题。更多细节可以参考官方的 Keras 文档，以详细了解 Keras 是如何工作的。

3. PyTorch

PyTorch 标志图如图 12.3 所示。

图 12.3　PyTorch 标志图

PyTorch 是 Torch 的一个接口，可用于建立深度神经网络和执行张量（Tensor）计算。Torch 是一个基于 Lua 的框架，而 PyTorch 则运行在 Python 上。

PyTorch 是一个 Python 包，它提供张量计算。张量是多维数组，就像 NumPy 中的 ndarray，它也可以在 GPU 上运行。PyTorch 使用动态计算图，其 Autograd 软件包根据张量生成计算图，并自动计算梯度。与特定功能的预定义图表不同，PyTorch 提供了一个框架，用于在运行时构建计算图形，甚至在运行时对这些图形进行更改。在不知道创建神经网络需要多少内存的情况下，此功能很有价值。可以使用 PyTorch 迎接各种来自深度学习的挑战，包括影像（检测、分类等）、文本（NLP）、增强学习。

PyTorch 的安装步骤取决于操作系统、需要安装的 PyTorch 包、正在使用的工具/语言、CUDA 等因素。可以参考官方的 PyTorch 文档来详细了解框架是如何工作的。

4. Caffe

Caffe 标志图如图 12.4 所示。

Caffe 是面向图像处理领域的比较流行的深度学习框架，它是由贾阳青在加利福尼亚大学伯克利分校读博士期间开发的。

Caffe 对递归网络和语言建模的支持不如上述 3 个框架，但是 Caffe 最突出的地方是它的处理速度和从图像中学习的速度。

Caffe

图 12.4　Caffe 标志图

Caffe 可以每天处理超过 6000 万幅图像，只需单个 NVIDIA K40 GPU，其中 1 毫秒/图像用于推理，4 毫秒/图像用于学习。它为 C、Python、MATLAB 等接口，以及传统的命令行提供了坚实的支持。通过 Caffe Model Zoo 框架可访问用于解决深度学习问题的预训练网络、模型和权重，这些模型可完成下述任务：简单的递归、大规模视觉分类、用于图像相似性的 SiameSE 网络、语音和机器人应用等。

12.1.2　PyTorch 基础语法

本节主要介绍 PyTorch 基础语法，包括张量、NumPy 转换、CUDA 张量。

1. 张量

张量属于一种数据结构，它可以是一个标量、一个向量、一个矩阵，甚至可以是更高维度的数组。PyTorch 中的张量和 NumPy 中的数组非常相似，在使用时也会经常将二者相互转换。

```
import torch
x = torch.empty(5, 3)
print(x)
out:
    tensor([[5.9694e-39, 1.0010e-38, 1.0102e-38], [1.0561e-38, 1.0469e-38,
```

```
1.0653e-38], [1.0469e-38, 4.2246e-39, 1.0286e-38], [1.0653e-38,
1.0194e-38, 8.4490e-39], [1.0469e-38, 9.3674e-39, 9.9184e-39]])
```

上面的代码创建了一个 5 行 3 列的张量。

```
#创建一个随机初始化矩阵
x = torch.rand(5, 3)
print(x)
out:
    tensor([[0.6972, 0.0231, 0.3087], [0.2083, 0.6141, 0.6896], [0.7228,
    0.9715, 0.5304], [0.7727, 0.1621, 0.9777], [0.6526, 0.6170, 0.2605]])
```

下面根据现有的张量创建张量。这些方法将重用输入张量的属性，如 dtype，除非设置新的值进行覆盖。

```
x = x.new_ones(5, 3, dtype=torch.double)    #用 new_*()方法创建对象
x = torch.randn_like(x, dtype=torch.float) #覆盖 dtype 对象的 size 是相同的，
只是值和类型发生了变化
```

张量同样支持多种数学操作，下面是加法运算：

```
#加法 1
y = torch.rand(5, 3)
print(x + y)
#加法 2
print(torch.add(x, y))
```

2. NumPy 转换

将一个 PyTorch 张量转换为 NumPy 数组是一件轻松的事，反之亦然。PyTorch 张量与 NumPy 数组共享底层内存地址，修改其中一个会导致另一个发生变化。

将一个 NumPy 数组转换为 PyTorch 张量：

```
import numpy as np
a = np.ones(5)
b = torch.from_numpy(a)
```

3. CUDA 张量

CUDA 张量是 GPU 专用变量格式，使用.to()方法可以将张量移动到任何设备中：

```
#is_available()函数用于判断是否有 CUDA 张量可以使用
#torch.device()函数用于将张量移动到指定的设备中
if torch.cuda.is_available():
device = torch.device("cuda")              #CUDA 设备
y = torch.ones_like(x, device=device)      #直接从 GPU 创建张量
x = x.to(device)
#或者直接使用.to("cuda")将张量移动到 CUDA 设备中
z = x + y
```

```
print(z)
print(z.to("cpu", torch.double))
#.to()方法也会对张量的类型做更改
```

12.2 神经网络基础

随着人工智能的飞速发展，如今在人工智能领域探索的研究者几乎无人不谈深度学习，很多人甚至将人工智能与深度学习画上了等号。虽然深度学习不是人工智能领域的唯一解决方案，二者之间实质上也无法画上等号，但深度学习是目前甚至未来很长一段时间内人工智能的核心技术。

在概念上，深度学习源于人工神经网络，却并不完全等于人工神经网络。但是，很多深度学习算法中都会包含神经网络这个词，如卷积神经网络、循环神经网络，因此，深度学习可以说是在人工神经网络基础上的升级。人工神经网络示意图如图 12.5 所示。

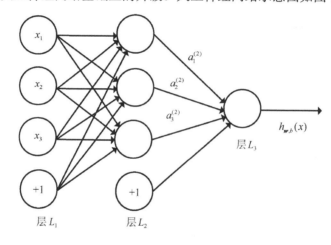

图 12.5 人工神经网络示意图

其中每个圆圈都是一个神经元，每条线都表示神经元之间的连接。可以看到，上面的神经元被分成了多层，层与层之间的神经元有连接，而层内神经元之间没有连接。在图 12.5 中，最左边的层叫作输入层，负责接收输入数据；最右边的层叫作输出层，可以从该层获取人工神经网络的输出数据。输入层和输出层之间的层叫作隐藏层，隐藏层大于两层的人工神经网络叫作深度神经网络。而深度学习就是使用深层架构（如深度神经网络）的机器学习方法。

12.2.1 神经元

人工神经元（Artificial Neuron）简称神经元（Neuron），是构成人工神经网络的基本单元，其主要作用是模拟生物神经元的结构和特性，接收一组输入并产生输出。生物学家在 20 世纪初就发现了生物神经元的结构。一个生物神经元通常具有多个树突和一个轴突。树突用来接收信息，轴突用来发送信息。当神经元获得的输入的积累超过某个阈值时，便处于兴奋状态，产生电脉冲。轴突尾端有许多末梢可以与其他神经元的树突产生连接（突触），并将电脉冲传递给其他神经元。1943 年，心理学家 McCulloch 和数学家 Pitts 根据生物神经元的结构，提出了一种非常简单的神经元模型——MP 神经元。现代神经网络中的神经元和 MP 神经元的结构并无太多变化。不同的是，MP 神经元中的激活函数 f 为 0 或 1 的阶跃函数，而现代神经元中的激活函数通常要求是连续可导的函数。

假设一个神经元接收 d 个输入 $x_1, x_2, \cdots, x_d$，用向量 $\boldsymbol{x} = [x_1, x_2, \cdots, x_d]$ 表示这组输入，用净输入（Net Input）$z \in \mathbf{R}$ 表示一个神经元获得的输入 x_i 的加权和：

$$z = \sum_{i=1}^{d} w_i x_i + b \tag{12.1}$$

其中，$\boldsymbol{w} = [w_1, w_2, \cdots, w_d] \in \mathbf{R}^d$ 是 d 维的权重向量；$b \in \mathbf{R}$ 是偏置。

净输入 z 在经过一个非线性函数 $f(\cdot)$ 后，得到神经元的活性值（Activation）a，即 $a = f(z)$，其中非线性函数 $f(\cdot)$ 称为激活函数（Activation Function）。

图 12.6 给出了一个典型的神经元结构。

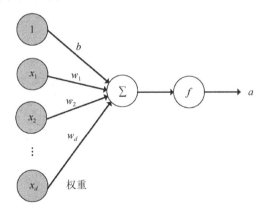

图 12.6　典型的神经元结构

激活函数在神经元中非常重要，为了增强网络的表示能力和学习能力，激活函数需要具备以下几点性质。

（1）连续并可导（允许在少数点上不可导）的非线性函数。可导的激活函数可以直接利用数值优化方法学习网络参数。

（2）激活函数及其导函数要尽可能简单，有利于提高网络计算效率。

（3）激活函数的导函数的值域要在一个合适的区间内，不能太大也不能太小，否则会影响训练的效率和稳定性。

12.2.2 激活函数概述

1. 什么是激活函数

生物神经网络是人工神经网络的起源。然而，人工神经网络的工作机制与大脑的工作机制并不十分相似。在了解为什么把激活函数应用在人工神经网络中之前，了解一下激活函数与生物神经网络的关联是十分有用的。一个典型神经元的物理结构由细胞体、向其他神经元发送信息的轴突，以及从其他神经元处接收信号或信息的树突组成。生物神经网络示意图如图 12.7 所示。

在图 12.7 中，神经元通过树突从其他神经元处接收信号，树突的信号强度称为突触权重，用于与传入信号相乘。树突传出的信号在细胞体中累积，如果最后的信号强度超过了某个阈值，那么神经元会允许轴突中的信息继续传递，否则，信号会被阻止而得不到进一步的传递。激活函数决定了信号是否能够被传递。这个例子仅仅是只有阈值这一个参数的简单的阶跃函数。当人们学习到一些新东西（或忘掉一些东西）时，阈值及一些神经元的突触权重会发生改变。这在神经元中创造了新的连接，使得大脑能学习到新的东西。

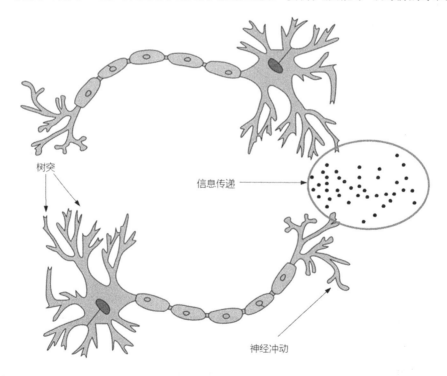

图 12.7　生物神经网络示意图

如图 12.8 所示，给出一个输入为 $\{x_1, x_2, \cdots, x_n\}$ 的神经元，输入对应的权重为 $\{w_1, w_2, \cdots, w_n\}$，偏置为 b，激活函数在输入的权重总和上起作用。信号向量与权重相乘后进行累加（如总和加上偏置 b），激活函数 f 对这个累加的总和起作用。注意：权重和偏置把输入信号转换为线性信号，而激活函数把输入信号转换为非线性信号，这种非线性使得神经网络能够学习到输入与输出之间任意复杂的变换关系。

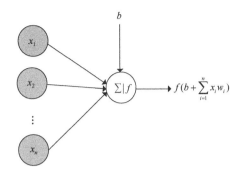

图 12.8　单个神经元示意图

2. 为什么需要激活函数

激活函数是用来给神经网络加入非线性因素的，因为线性模型的表达力不够。

如果没有激活函数，那么每层节点的输入都是上层输出的线性函数，很容易验证，无论神经网络有多少层，输出都是输入的线性组合，这与没有隐藏层的效果相当。也就是说，没有激活函数的每层都相当于矩阵相乘，即使叠加了若干层，也还是矩阵相乘，此时，网络的逼近能力相当有限。因此，引入非线性函数作为激活函数，使得深层神经网络的表达能力更加强大（输出不再是输入的线性组合，而是几乎可逼近任意函数）。

例如，对于二分类问题，如果不使用激活函数，如只使用简单的 Logistic 回归，那么只能做简单的线性划分，如图 12.9 所示。

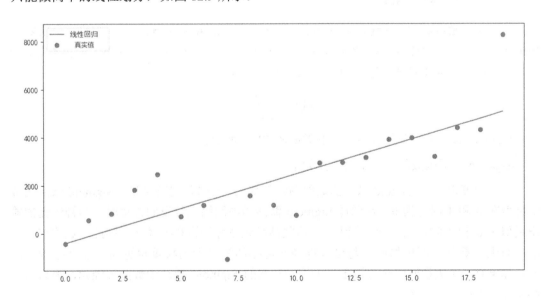

图 12.9　未使用激活函数的二分类结果示意图

如果使用激活函数，则可以实现非线性划分，如图 12.10 所示。

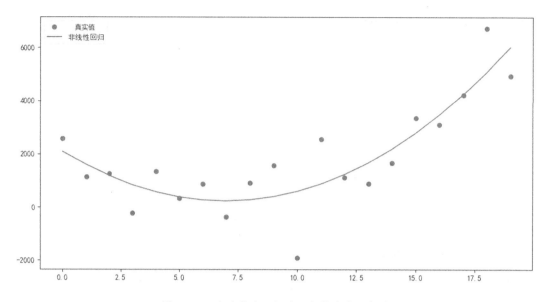

图 12.10　使用激活函数的二分类结果示意图

12.2.3　常见的激活函数

本节介绍深度学习中常见的激活函数，如 Sigmoid、ReLU、tanh、Softmax 等，每种激活函数都有其各自的作用和应用范围。

1. Sigmoid 激活函数

Sigmoid 激活函数也称逻辑激活函数（Logistic Activation Function），它将一个实数值压缩到 0～1 内。当最终目标是预测概率时，它可以应用到输出层。它使很大的负数向 0 转变、很大的正数向 1 转变。它在数学上表示为

$$\alpha(x) = \frac{1}{1 + e^{-x}} \qquad (12.2)$$

Sigmoid 激活函数及其求导后的图像如图 12.11 所示。

Sigmoid 激活函数的 3 个主要缺点如下。

（1）梯度消失：Sigmoid 激活函数的曲线斜率约等于 1。也就是说，Sigmoid 激活函数的梯度在 0 和 1 附近为 0。在通过 Sigmoid 激活函数网络进行反向传播时，当神经元的输出近似为 0 和 1 时，它的梯度接近 0，这些神经元被称为饱和神经元。因此，这些神经元的权重无法更新。不仅如此，与这些神经元连接的神经元的权重也更新得非常缓慢。因此，如果有一个大型网络包含许多处于饱和动态的 Sigmoid 激活函数的神经元，那么该网络将无法进行反向传播。

（2）不是零均值：Sigmoid 激活函数的输出不是零均值。

（3）计算量太大：指数函数与其他非线性激活函数相比，其计算量太大。

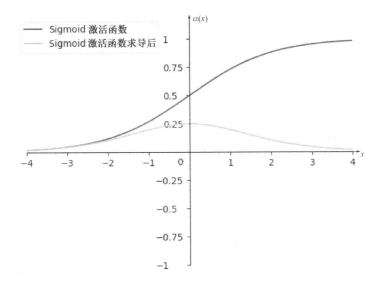

图 12.11 Sigmoid 激活函数及其求导后的图像

2. ReLU 激活函数

ReLU 激活函数的表达形式如下:

$$f(x) = \max(0, x) \tag{12.3}$$

ReLU 激活函数及其求导后的图像如图 12.12 所示。

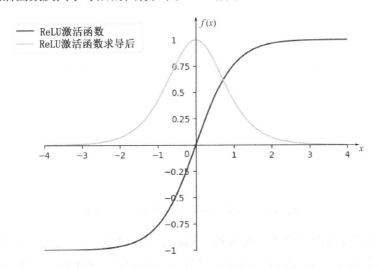

图 12.12 ReLU 激活函数及其求导后的图像

可见,ReLU 激活函数在 $x<0$ 时硬饱和。由于 $x>0$ 时它的导数为 1,因此 ReLU 激活函数能够在 $x>0$ 时保持梯度不衰减,从而缓解梯度消失问题。但随着训练的推进,部分输入会落入硬饱和区,导致对应权重无法更新,这种现象称为"神经元死亡"。

ReLU 激活函数其实是分段线性函数,它把所有的负值都变为 0,而正值不变,这种操作称为单侧抑制。也就是说，在输入负值的情况下，它会输出 0，此时神经元就不会被激活。这意味着同一时间只有部分神经元被激活，从而使得网络很稀疏，进而对计算来说是非常高效率的。正因为有了单侧抑制，才使得神经网络的神经元也具有了稀疏激活性，尤其体现在深度神经网络模型（如 CNN）中，当模型增加 N 层后，理论上 ReLU 激活函数对神经元的激活率将降低 $1/2^N$。

3. tanh 激活函数

tanh 激活函数的定义如下：

$$\tanh(x) = \frac{\sinh(x)}{\cosh(x)} = \frac{e^x - e^{-x}}{e^x + e^{-x}} \tag{12.4}$$

$$\tanh(x) = 2\mathrm{Sigmoid}(2x) - 1 \tag{12.5}$$

tanh 也被称为双曲正切激活函数。类似于 Sigmoid 激活函数，tanh 激活函数也对一个实数值进行压缩。与 Sigmoid 激活函数不同的是，tanh 激活函数在 $-1 \sim 1$ 的输出范围内为零均值。可以把 tanh 激活函数看作两个 Sigmoid 激活函数加在一起。

tanh 激活函数及其求导后的图像如图 12.13 所示。

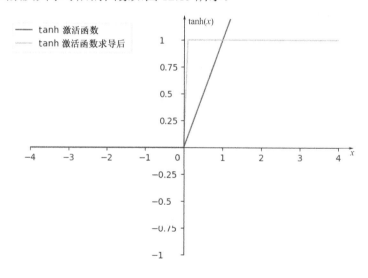

图 12.13 tanh 激活函数及其求导后的图像

可见，tanh 激活函数也具有软饱和性。Xavier 在文献中分析了 Sigmoid 与 tanh 两个激活函数的饱和现象及特点。此外，tanh 网络的收敛速度要比 Sigmoid 网络的收敛速度快。因为 tanh 激活函数的输出均值比 Sigmoid 激活函数的输出均值更接近 0，随机梯度下降会更接近自然梯度（一种二次优化技术），从而减少所需的迭代次数。

4. Softmax 激活函数

Softmax 激活函数（或称归一化指数函数）是逻辑函数的一种推广。它能将一个含任意实数的 K 维向量 z 压缩到另一个 K 维实向量 $\sigma(z)$ 中，使得每个元素的范围都在 (0,1) 区间，并且所有元素的和为 1，其定义如下：

$$\sigma(z)_j = \frac{e^{z_j}}{\sum_{k=1}^{K} e^{z_k}}$$ （12.6）

Softmax 激活函数的工作原理也是将输入特征映射成一个概率向量，如十分类任务，它会将输入特征映射成一个 10 维概率向量，把概率值最大的元素变成 1、其余元素变成 0。

12.3　前馈神经网络和反馈神经网络

12.3.1　前馈神经网络

给定一组神经元，以神经元为节点构建一个网络，不同的神经网络模型有着不同的拓扑结构。一种比较直接的拓扑结构是前馈网络。前馈神经网络（Feedforward Neural Network，FNN）是最早被发明的简单人工神经网络。

在前馈神经网络中，各神经元分别属于不同的层。每层的神经元都可以接收前一层神经元的信号，并产生信号输出到下一层。第 0 层称为输入层，最后一层称为输出层，其他中间层称为隐藏层。整个网络中无反馈，信号从输入层向输出层单向传播，可用一个有向无环图表示。

前馈神经网络也经常被称为多层感知器（Multi-Layer Perceptron，MLP）。但多层感知器的叫法并不十分合理，因为前馈神经网络其实是由多层 Logistic 回归模型（连续的非线性函数）组成的，而不是由多层感知器（不连续的非线性函数）组成的。

前馈神经网络的结构图如图 12.14 所示。

这里用下面的记号来描述一个前馈神经网络。

- L：神经网络的层数。
- $m(l)$：第 l 层神经元的个数。
- $f_l(\cdot)$：第 l 层神经元的激活函数。
- $\boldsymbol{W}^{(l)} \in \mathbf{R}^{m^{(l)} \times m^{l-1}}$：第 $l-1$ 层到第 l 层的权重矩阵。
- $b^{(l)} \in \mathbf{R}^{m^l}$：第 $l-1$ 层到第 l 层的偏置。
- $z^{(l)} \in \mathbf{R}^{m^l}$：第 l 层神经元的净输入（净活性值）。
- $a^{(l)} \in \mathbf{R}^{m^l}$：第 l 层神经元的输出（活性值）。

前馈神经网络通过下面的公式进行信息传递：

$$z^{(l)} = \boldsymbol{W}^{(l)} a^{(l-1)} + b^{(l)}$$ （12.7）

$$a^{(l)} = f_l^{z^l} \tag{12.8}$$

上述公式可合并写为

$$z^{(l)} = \boldsymbol{W}^{(l)} f_{l-1}\left(z^{(l-1)}\right) + b^{(l)} \tag{12.9}$$

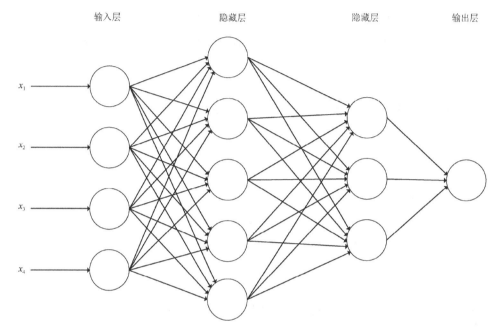

图 12.14 前馈神经网络的结构图

这样，前馈神经网络可以通过逐层的信息传递得到网络最后的输出 $a(L)$ 。整个网络可以看作一个复合函数 $\phi(\boldsymbol{x};\boldsymbol{W},b)$ ，将向量 $\boldsymbol{x}$ 作为第 1 层的输入 $a(0)$ ，将第 L 层的输出 $a(L)$ 作为整个函数的输出：

$$\boldsymbol{x} = a(0) \rightarrow z(1) \rightarrow a(1) \rightarrow z(2) \rightarrow \cdots \rightarrow a(L-1) \rightarrow z(L) \rightarrow a(L) = \phi(\boldsymbol{x};\boldsymbol{W},b))$$

其中， $\boldsymbol{W}$ 和 b 分别表示网络中所有层的连接权重矩阵和偏置。

12.3.2 反馈神经网络

BP 算法是反向传播算法的简称，是一种与最优化方法（如梯度下降法）结合使用，是用来训练人工神经网络的常见方法。该方法对网络中的所有权重计算损失函数的梯度，这个梯度会反馈给最优化方法，用来更新权重以最小化损失函数。反向传播需要根据输入值期望得到的已知输出来计算损失函数的梯度，进而更新权值。因此，它通常被认为是一种有监督学习方法，但它也可以用在一些无监督网络（如自动编码器）中，是多层前馈网络的 Delta 规则的推广，可以用链式法则对每层迭代计算梯度。

反向传播算法主要由两个环节（激励传播、权重更新）反复循环迭代，直到网络对输入的响应达到预定的目标范围。反向传播算法的学习过程由正向传播过程和反向传播过程组成。在正向传播过程中，输入信息通过输入层，经隐藏层逐层处理后传向输出层。如果在输出层得不到期望的输出值，则取输出与期望的误差的平方和作为目标函数，转入反向传播过程，逐层求出目标函数对各神经元权重的偏导数，构成目标函数对权重向量的梯量，作为修改权重的依据，网络学习在权重修改过程中完成。当误差达到期望值时，网络学习结束。

1. 激励传播

每次迭代中的激励传播环节都包含以下两步。

（1）（前向传播阶段）将训练输入送入网络以获得激励响应。

（2）（反向传播阶段）将激励响应同训练输入对应的目标输出求差，从而获得隐藏层和输出层的响应误差。

2. 权重更新

每个突触上的权重按照以下步骤进行更新。

（1）将输入激励和响应误差相乘，从而获得权重的梯度。

（2）将这个梯度乘上一个比例并取反后加到权重上。

（3）这个比例会影响训练过程的速度和效果，因此称之为学习率或步长。梯度的方向指明了误差扩大的方向，因此在更新权重时需要对其取反，从而减小权重引起的误差。

为了说明这一过程，图 12.15 给出了 3 层神经网络，有 2 个输入和 1 个输出。

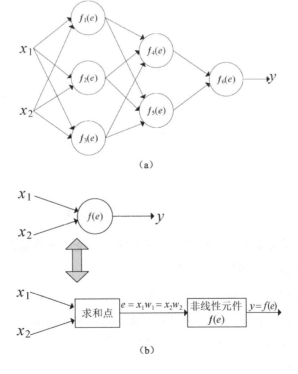

图 12.15　反馈神经网络工作示意图

　　每个神经元都是由两个单元组成的，在图 12.15（b）中，第一个方框包含权重系数和输入信号；第二个方框实现非线性函数，称为神经元激活函数。e 是上一层求和点的输出信号，$y = f(e)$ 是非线性元件的输出信号，也是神经元的输出信号。训练集由输入信号（x_1 和 x_2）分配相应的目标（预期的输出为 z）。网络训练是一个迭代过程，在每次迭代中，权重系数的节点会用新的训练集的数据进行修改，修改计算使用下面描述的算法：每个步骤都是从训练集中的两个输入信号开始的，在这个阶段，可以确定每个网络层中的每个神经元的输出信号值。在图 12.16 中，符号 $W(x_m)_n$ 代表网络输入 x_m 和神经元第 n 层之间的连接权重矩阵，符号 y_n 代表神经元第 n 层的输出信号。

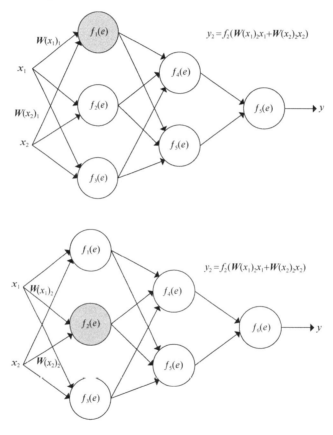

图 12.16　第一层权重计算示意图

　　传递的信号需要通过隐藏层。符号 W_{mn} 代表输入神经元 m 和输出神经元 n 之间的连接权重。第二层权重计算示意图如图 12.17 所示。

　　传递的信号通过输出层。输出层权重计算示意图如图 12.18 所示。

　　以上都是正向传播。计算得出的输出 y 和训练集的真实结果 z 有一定的误差，这个误差就叫作误差信号。将误差信号反向传递给前面的各层，以此来调整网络参数。误差计算示意图如图 12.19 所示。

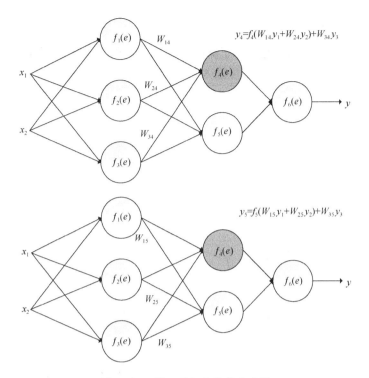

$y_4=f_4(W_{14}y_1+W_{24}y_2)+W_{34}y_3$

$y_5=f_5(W_{15}y_1+W_{25}y_2)+W_{35}y_3$

图 12.17 第二层权重计算示意图

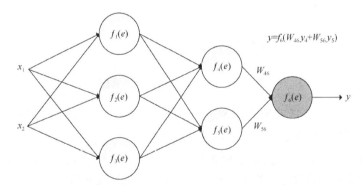

$y=f_6(W_{46}y_4+W_{56}y_5)$

图 12.18 输出层权重计算示意图

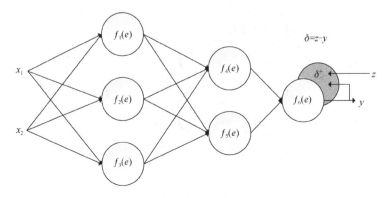

$\delta=z-y$

图 12.19 误差计算示意图

之前的算法不可能直接为内部神经元计算误差信号，因为这些神经元的输出值是未知的。因此反向传播算法对此问题进行了解决，该算法的创新点就是传播误差信号 $\delta=z-y$ 返回到所有神经元，输出信号会根据输入神经元进行更改。第一层反向传播示意图如图 12.20 所示。

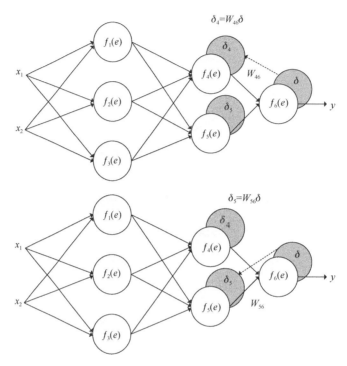

图 12.20　第一层反向传播示意图

权重系数 W_{mn} 用来传播误差信号 δ，它通过计算得出输出值，从而得到新的误差信号 δ_m。只有数据流的方向改变（信号传播从输出到输入，一个接一个地进行权重更新）。这一技术适用于所有网络层。如果当传播错误来自一些神经元时，将误差分配给每个神经元，根据其之前的权重获得各自的误差 $\delta_5,\delta_4,\cdots,\delta_1$。第二层反向传播示意图如图 12.21 所示。

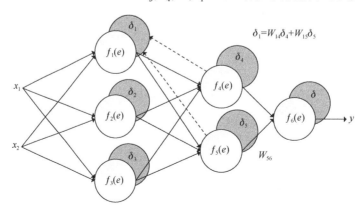

图 12.21　第二层反向传播示意图

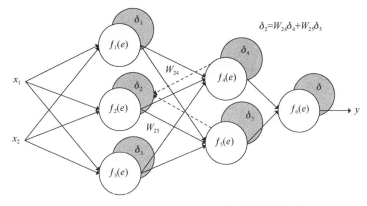

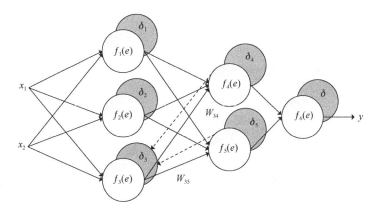

图 12.21 第二层反向传播示意图（续）

在每个神经元的误差都计算完后，每个神经元的权重系数也会更新。图 12.22 中的公式就是神经元的激活函数（更新权重），利用误差信号 δ_1 和之前的权重，以及之前 $f(e)$ 函数的倒数来获得新的权重，这里 η 是系数，它影响权重改变大小的范围。第三层反向传播示意图如图 12.22 所示。

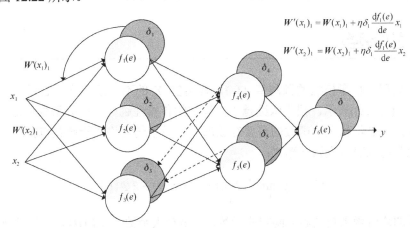

图 12.22 第三层反向传播示意图

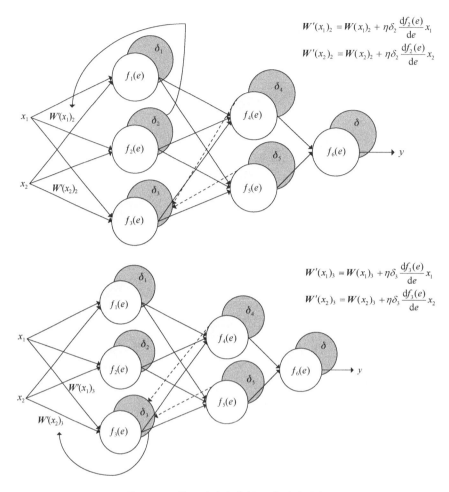

$$W'(x_1)_2 = W(x_1)_2 + \eta\delta_2\frac{\mathrm{d}f_2(e)}{\mathrm{d}e}x_1$$

$$W'(x_2)_2 = W(x_2)_2 + \eta\delta_2\frac{\mathrm{d}f_2(e)}{\mathrm{d}e}x_2$$

$$W'(x_1)_3 = W(x_1)_3 + \eta\delta_3\frac{\mathrm{d}f_3(e)}{\mathrm{d}e}x_1$$

$$W'(x_2)_3 = W(x_2)_3 + \eta\delta_3\frac{\mathrm{d}f_3(e)}{\mathrm{d}e}x_2$$

图 12.22　第三层反向传播示意图（续）

以上就是正向传入输入值，获得误差；根据反向传播误差获得每个神经元的误差值；根据误差值和 e 的倒数更新权重，完成对整个网络的修正过程。

12.4　损失函数

损失函数用来估量模型的预测值 $f(x)$ 与真实值 Y 的不一致程度，它是一个非负值函数，通常用 $L(Y, f(x))$ 表示，损失函数越小，模型的鲁棒性越好。损失函数是经验风险函数的核心部分，也是结构风险函数的重要组成部分。模型的结构风险函数包括经验风险项和正则项，通常可以表示成如下形式：

$$\theta^* = \arg\min_{\theta}\frac{1}{N}\sum_{i=1}^{N}L\left(y_i, f\left(x_i;\theta\right) + \lambda\Phi\left(\theta\right)\right) \tag{12.10}$$

其中，前面的均值函数是经验风险损失函数；L 是损失函数，$\lambda\Phi\left(\theta\right)$ 是正则化项。

12.4.1　L1 和 L2 损失函数

L1 损失函数又叫最小绝对值偏差（LAE）。它把目标值与估计值的绝对差值的总和最小化：

$$S = \sum_{i=1}^{n} |Y_i - f(x_i)| \tag{12.11}$$

L2 损失函数也被称为最小平方误差。总体来说，它把目标值与估计值的差值的平方和最小化：

$$s = \sum_{i=1}^{n} (Y_i - f(x_i))^2 \tag{12.12}$$

L2 损失函数对异常点比较敏感，因为 L2 损失函数将误差平方化，使得异常点的误差过大，需要对模型进行大幅度的调整，这样会牺牲很多正常的样本。L1 损失函数由于导数不连续而可能存在多个解，当数据集有一个微小的变化时，解可能会有一个很大的跳动，因此 L1 损失函数的解不稳定。

12.4.2　交叉熵损失函数

交叉熵损失函数刻画的是两个概率分布之间的距离。具体来说，交叉熵刻画的是通过概率分布 q 来表达概率分布 p 的困难程度，其中，p 为真实分布，q 为预测分布。交叉熵越小，两个概率分布越接近。

$$H(p,q) = -\sum p(x)\log(q(x)) \tag{12.13}$$

在深度学习中，二分类通常通过 Sigmoid 激活函数作为预测输出得到预测分布；对于多分类，使用 Softmax 激活函数得到预测分布：

$$\text{Softmax}(y)_i = \frac{e^{y_i}}{\sum_{j=1}^{n} e^{y_i}} \tag{12.14}$$

神经网络经过 Softmax 激活函数的作用后，把神经网络的输出变成一个概率分布，从而可以通过交叉熵来计算预测分布与真实分布之间的距离。

目前，深度学习中使用的基本上都是交叉熵损失函数，那么，交叉熵损失函数好在哪里呢？首先看一下 L2 损失函数的曲线，如图 12.23 所示。

L2 损失函数是非凸函数，即梯度下降不一定能够保证交叉熵损失函数达到全局最优解。

交叉熵损失函数的曲线如图 12.24 所示。

交叉熵损失函数是凸函数，其曲线整体呈现单调性，损失越大，梯度越大，便于反向传播时的快速优化。因此深度学习中通常使用交叉熵损失函数。

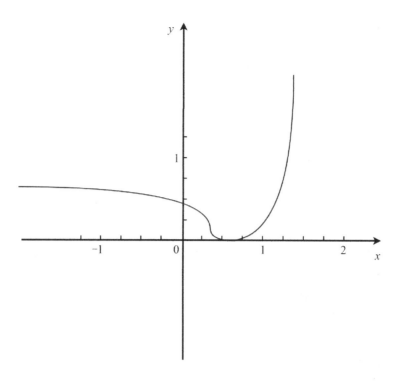

图 12.23 L2 损失函数的曲线

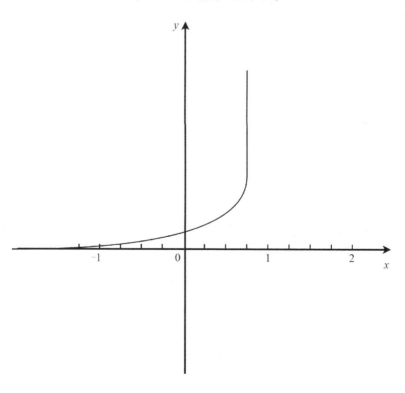

图 12.24 交叉熵损失函数的曲线

12.4.3　其他常见损失函数

0-1 损失函数：

$$L\big(Y,f(X)\big)=\begin{cases}0, & Y=f(X)\\ 1, & Y\neq f(X)\end{cases} \tag{12.15}$$

即仅当预测为真时取 1，其余均取 0。0-1 损失函数非凸、非光滑，使得算法很难直接对其进行优化。

Hinge 损失函数：

$$L\big(y\big)=\max\big(0,1-t\cdot y\big) \tag{12.16}$$

Hinge 损失函数是 0-1 损失函数的一个代理损失函数。当 $t\cdot y$ 大于 1 时，不做任何惩罚。它在 $t\cdot y=1$ 处不可导，不能使用梯度下降法进行优化，而使用次梯度下降法。通常，支持向量机使用 Hinge 损失函数，原因可以证明，加入松弛变量的软间隔的支持向量机采用 Hinge 损失函数依然可以保持稀疏性，即软间隔的支持向量机模型与支持向量有关。

Logistic 损失函数：

$$H\big(p,q\big)=-\sum p(x)\log q(x)=-y\log\hat{y}-(1-y)\log(1-\hat{y}) \tag{12.17}$$

Logistic 损失函数也是 0-1 损失函数的一个代理损失函数，且该函数处处光滑。其实，Logistic 损失和交叉熵损失差不多，交叉熵在二分类时就是 Logistic 损失。另外，Logistic 回归中求解 W 用的极大似然估计就是 Logistic 损失取负号。

指数损失函数：

$$L\big(y,f(x)\big)=\mathrm{e}^{-yf(x)} \tag{12.18}$$

AdaBoost 算法中使用的就是指数损失函数。AdaBoost 算法使用指数损失函数的原因是指数损失函数经过推导以后，分类误差率和定义是一样的，故用指数损失函数作为代理。

12.5　优化方法

在损失函数衡量出预测值与真实值之间的误差大小后，需要利用神经网络进行参数优化，进而得到最小损失函数输出，这一过程将由优化算法实现。本书介绍最为经典的梯度下降法，包括批量梯度下降法、随机梯度下降法、小批量梯度下降法。

12.5.1　基本概念

在学习梯度下降前，首先了解以下几个基本概念。

批：将训练集的全体分为若干批，当样本数量过大时，可考虑每次选一批数据进行训练。

批尺寸：每批样本的数量。

迭代：对一批数据完成一次前向传播和一次反向传播。

时期：对训练集完成一次前向传播和一次反向传播。

12.5.2 梯度下降法

曲面上方向导数的最大值的方向就代表梯度方向，因此在做梯度下降时，应该沿着梯度反方向进行权重更新，这样可以有效地找到全局最优解。θ_j 的更新过程可以描述为

$$\theta_j := \theta_j - \alpha \frac{\partial}{\partial \theta_j} J(\theta)$$

$$\begin{aligned}\alpha \frac{\partial}{\partial \theta_j} J(\theta) &= \frac{\partial}{\partial \theta_j} \frac{1}{2} \big(h_\theta(x) - y\big)^2 \\ &= 2 \cdot \frac{1}{2} \big(h_\theta(x) - y\big) \cdot \frac{\partial}{\partial \theta_j} (h_\theta(x) - y) \\ &= \big(h_\theta(x) - y\big) \cdot \frac{\partial}{\partial \theta_j} \bigg(\sum_{i=0}^{n} \theta_i x_i - y\bigg) \\ &= \big(h_\theta(x) - y\big) x_j\end{aligned} \tag{12.19}$$

其中，α 是步长（学习率）。

批量梯度下降：每次更新时都使用所有样本，要留意，在梯度下降中，对于 θ_i 的更新，所有样本都有贡献，即所有样本都参与调整 θ_i，其计算得到的是一个标准梯度，对于最优化问题和凸问题，也可以达到全局最优。因此，从理论上来说，该方法一次更新的幅度是比较大的。在样本不多的情况下，这样收敛的速度会更快。但是样本一多，更新一次需要很久，该方法就不合适了。下面给出它的更新公式：

重复直到收敛{

$$\theta_j := \theta_j + \alpha \sum_{i=1}^{m} \big(y^{(i)} - h_\theta(x^{(i)})\big) x_j^{(i)} \tag{12.20}$$

(for every j)}

随机梯度下降：每次更新时使用 1 个样本。这里的"随机"是指用样本中的一个例子来近似所有样本，以此来调整 θ，因此，随机梯度下降法会带来一定的问题，因为计算得到的并不是一个准确的梯度，对于最优化问题、凸问题，虽然不是每次迭代得到的损失函数都向着全局最优方向，但是大的整体方向是向着全局最优方向的，最终的结果往往是在全局最优解附近。但是相比于批量梯度下降法，该方法可以更快地收敛，虽然结果不是全局最优解，但很多时候是可以接受的，因此，该方法用得多。下面给出它的更新公式：

$$\text{Loop}\{\text{for } i = 1 \text{ to } m, \{$$
$$\theta_j := \theta_j + \alpha\left(y^{(i)} - h_\theta\left(x^{(i)}\right)\right)x_j^{(i)} \tag{12.21}$$
$$(\text{for every } j)\}\}$$

小批量梯度下降：每次更新时使用 b 个样本。其实批量梯度下降法就是一种折中的方法，其使用一些小样本来近似所有样本，且可以反映样本的分布情况。在深度学习中，该方法用得最多，因为它收敛得不会很慢，收敛的局部最优也是更多的。

$$\text{Reapeat}\{\text{for } i = 1 \text{ to } m, \{$$
$$\theta_j := \theta_j + \alpha\frac{1}{b}\sum_{k=i}^{i+b-1}\left(h_\theta\left(x^{(k)}\right) - y^{(k)}\right)x_j^{(k)}$$
$$(\text{for } j = 0:n) \tag{12.22}$$
$$i += 10;\}\}$$

12.6 本章小结

本章介绍了深度学习相关基础知识。通过对本章的学习，学生应该了解深度学习相关框架和如何建立一个框架程序；认识什么是深度学习中的神经元，以及神经网络的 3 层基本结构；了解深度学习中的模型框架如何优化，以及参数优化流程；对深度学习相关数学理论有基本的认识。在后续几章，将使用 PyTorch 展开一系列深度学习相关模型讲解及实验搭建，包括两大基础模型（CNN、RNN）及其部分变种框架，并在本书最后通过实现一个大型综合性实验来进一步加深学生对深度学习的认识。

12.7 本章习题

1. 什么是深度学习？
2. 什么是神经网络？
3. 简述激活函数的特性。
4. 为什么需要激活函数？
5. 常见的激活函数有哪些？
6. 学习率设置得太低或太高会发生什么？

习题解析

第*13*章

感知机算法

学而思行

在中国传统文化中，儒家思想所倡导的"中庸之道"和"天人合一"的理念与感知机算法的思想有着异曲同工之妙。通过将感知机算法与中国传统文化相结合，可以更好地理解这两种思想的内涵和相互关系。

在人工智能领域中，感知机算法是一种重要的机器学习算法，其结合了人工智能、机器学习等多学科的理论，让计算机能够更好地为人类服务。感知机算法是一种二分类的线性分类模型，可以解决分类问题和回归问题。感知机算法以其简单、有效的特点成为机器学习领域的经典算法之一。

13.1 算法概述

13.1.1 感知机简介

感知机是 1957 年由 Rosenblatt 提出的一个概念，是神经网络和支持向量机的基础。它的提出受到生物学的启发，如图 13.1 所示，人的大脑可以看作一个神经网络，这个网络中的最小单元是神经元，许多神经元连接起来形成一个错综复杂的网络。

图 13.1 展示了神经元的工作机制，神经元收到一些信号，如眼睛看到的光信号和耳朵听到的声音信号，这些信号会通过树突组织并最终到达细胞核，细胞核对这些信号进行综合处理。信号在达到一定阈值后就会被激活产生一个输出，形成新的信号并传输至大脑，这就是人脑的一个神经元在进行感知时大致的工作机制。

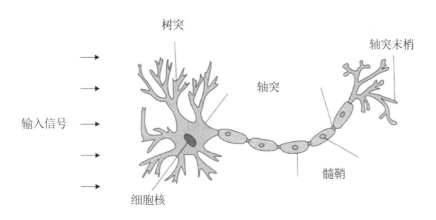

图 13.1　生物学中的神经网络

13.1.2　算法实现原理

在理解神经元的工作机制后，下面利用算法来模拟这个过程。感知机模型如图 13.2 所示。

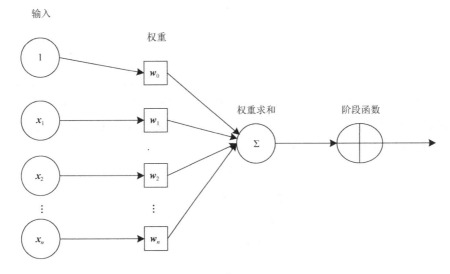

图 13.2　感知机模型

从图 13.2 中可以看到，一个感知机由以下几部分组成。

（1）输入。一个感知机可以接收多个输入：

$$\left(x_1, x_2, \cdots, x_n \mid x_i \in \mathbf{R}\right) \tag{13.1}$$

且每个输入上都有一个权重：

$$w_i \in \mathbf{R} \tag{13.2}$$

此外，还有一个偏置项：

$$b \in \mathbf{R} \tag{13.3}$$

b 就是图 13.2 中的 w_0。

（2）激活函数。感知机的激活函数可以有很多选择，如可以选择下面这个阶跃函数作为激活函数：

$$f = \begin{cases} 1, & z>0 \\ 0, & \text{其他} \end{cases} \tag{13.4}$$

（3）输出。感知机的输出由如下公式计算：

$$y = f(w*x + b) \tag{13.5}$$

在理解感知机的工作原理后，下面用一个简单的例子来帮助理解。设计一个感知机，让它来实现 and（与）运算。and 是一个二元函数（带有两个参数 x_1 和 x_2），其真值表如表 13.1 所示。

表 13.1 and 运算的真值表

x_1	x_2	y
0	0	0
0	1	0
1	0	0
1	1	1

为了计算方便，在算法中用 0 表示 false，用 1 表示 true。令 w_1=0.5，w_2=0.5，b=−0.8，激活函数使用前面提到的阶跃函数，这时就完成了一个能实现 and 运算功能的感知器，输入表 13.1 表身的第 1 行，即计算 x_1=0，x_2=0，输出为

$$\begin{aligned} y &= f(w*x + b) \\ &= f(w_1 x_1 + w_2 x_2 + b) \\ &= f(0.5 \times 0 + 0.5 \times 0 - 0.8) \\ &- f(-0.8) \\ &= 0 \end{aligned} \tag{13.6}$$

也就是说，当 x_1 和 x_2 都为 0 时，y 为 0。学生可以自行验证表 13.1 的第 2~4 行。

事实上，感知机不仅能实现简单的布尔运算，它还可以拟合任何线性函数。任何线性分类或线性回归问题都可以用感知机来解决。前面的布尔运算可以看作二分类问题，即给定一个输入，输出 0（属于分类 0）或 1（属于分类 1）。如图 13.3 所示，and 运算是一个线性分类问题，即可以用一条直线把分类 0（false，用叉表示）和分类 1（true，用点表示）分开。

然而，感知机不能实现异或运算。如图 13.4 所示，异或运算不是线性的，无法用一条直线把分类 0 和分类 1 分开。

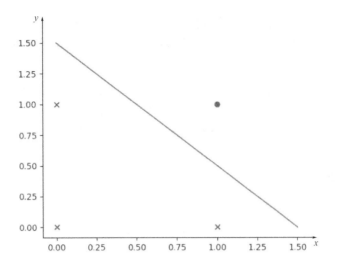

图 13.3　感知机进行线性分类

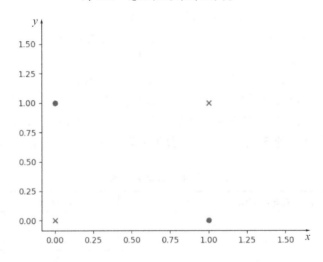

图 13.4　感知机无法进行非线性分类

上面直接给出了权重项和偏置项的值，接下来解释为何选取这些值，这里需要用到感知机的训练算法：首先将权重项和偏置项均初始化为 0，然后利用下列公式迭代地修改 w_i 和 b，直到训练完成：

$$w_i = w_i + \Delta w_i \tag{13.7}$$

$$b = b + \Delta b \tag{13.8}$$

其中

$$\Delta w_i = \eta (t - y) x_i \tag{13.9}$$

$$\Delta b = \eta (t - y) \tag{13.10}$$

其中，w_i 是与 x_i 输入对应的权重项；b 是偏置项，事实上，可以把 b 看作值永远为 1 的输

入 x_b 对应的权重；t 是训练样本的实际值，一般称之为 label；y 是感知机的输出值，它是根据式（13.5）计算得出的；η 是一个被称为学习率的常数，其作用是控制每步调整权重的幅度。

每次从训练数据中取出一个样本的输入向量 x，使用感知机计算其输出 y，根据上面的规则来调整权重。每处理一个样本就调整一次权重。经过多轮迭代后（全部的训练数据被反复处理多轮），就可以训练出感知机的权重，实现目标函数。

13.2   实验数据

实验方法：采用感知机算法解决分类问题，进行预测。

实验数据集：鸢尾花数据集。

实验目的：根据鸢尾花的花萼长度、花萼宽度完成分类。

前面提到，感知机算法可以解决线性分类问题，为此本书用鸢尾花数据集设计实验。该数据集是统计学习和机器学习领域的经典数据集。该数据集内包含 3 类共 150 条记录，每类各 50 条记录，每条记录都有 4 个特征：花萼长度、花萼宽度、花瓣长度、花瓣宽度，可以通过这 4 个特征预测鸢尾花属于 Iris-setosa、Iris-versicolour、Iris-virginica 中的哪个品种。表 13.2 展示了该数据集的前 5 条记录。该数据集可以从 sklearn 库中加载。sklearn 是 Python 第三方提供的一个非常强大的机器学习库。使用 sklearn 可以极大地节省编写代码的时间及减少代码量，使学生有更多精力分析数据分布、调整模型和修改超参数。

表 13.2   鸢尾花数据集的前 5 条记录

花萼长度/cm	花萼宽度/cm	花瓣长度/cm	花瓣宽度/cm	品种
0	5.1	3.5	1.4	Iris-setosa
1	4.9	3.0	1.4	Iris-setosa
2	4.7	3.2	1.3	Iris-setosa
3	4.6	3.1	1.5	Iris-setosa
4	5.0	3.6	1.4	Iris-setosa

13.3   算法实战

为了更好地理解感知机算法，下面通过两个实验来实现感知机算法。

13.3.1   and 运算

首先在算法中定义一个感知机类，并初始化感知机，设置输入参数的个数，以及激活函数。激活函数的类型为 double -> double，将权重向量和偏置项初始化为 0：

```
class Perceptron():
    def __init__(self, input_num, activator):
        self.activator = activator
        self.weights = [0.0 for _ in range(input_num)]
        self.bias = 0.0
```

接着输入向量，输出感知机的计算结果：

```
def predict(self, input_vec):
    return self.activator(reduce(lambda a, b: a + b, list(map(lambda x, w:
x * w,input_vec, self.weights)), 0.0) + self.bias)
```

然后输入训练数据，即一组向量、与每个向量对应的标签，以及训练次数和学习率：

```
def train(self, input_vecs, labels, iteration, rate):
    for i in range(iteration):
        self._one_iteration(input_vecs, labels, rate)
```

之后通过一次迭代，对所有训练数据进行处理：

```
def _one_iteration(self, input_vecs, labels, rate):
    samples = zip(input_vecs, labels)
    for (input_vec, label) in samples:
        output = self.predict(input_vec)
        self._update_weights(input_vec, output, label, rate)
```

最后按照感知机的规则更新权重：

```
def _update_weights(self, input_vec, output, label, rate):
    delta = label - output
    self.weights = list(map(lambda x, w: w + rate * delta * x, input_vec,
self.weights))
    self.bias += rate * delta
```

在完成感知机类的定义后，利用它实现 and 运算。首先定义一个激活函数，即前面提
到的阶跃函数：

```
def f(x):
    return 1 if x > 0 else 0
```

接着基于 and 运算真值表构建训练数据：

```
def get_training_dataset():
    input_vecs = [[1, 1], [0, 0], [1, 0], [0, 1]]
    labels = [1, 0, 0, 0]
    return input_vecs, labels
```

然后使用 and 运算真值表训练感知机：

```
def train_and_perceptron():
    p = Perceptron(2, f)
    input_vecs, labels = get_training_dataset()
    p.train(input_vecs, labels, 10, 0.1)
```

```
    return p
```

最后将上述程序保存为.py文件，并通过命令行执行这个程序，运行结果如图13.5所示。

```
weights :[0.1, 0.2]
bias    :-0.200000

1 and 1 = 1
0 and 0 = 0
1 and 0 = 0
0 and 1 = 0
[Finished in 0.2s]
```

图 13.5　运行结果

可见，已经成功使用感知机算法完成了and运算。

13.3.2　鸢尾花分类

前面提到，感知机不仅能实现简单的布尔运算，还能解决任何线性分类问题。下面设计实验，采用感知机算法解决线性分类问题。首先，需要从sklearn库中加载鸢尾花数据集并对其进行预处理，仅采用花萼长度、花萼宽度作为指标完成分类任务。代码如下：

```
from sklearn.datasets import load_iris
iris = load_iris()
df = pd.DataFrame(iris.data, columns=iris.feature_names)
df['label'] = iris.target
df.columns = ['sepal length', 'sepal width', 'petal length', 'petal width', 
'label']
df.label.value_counts()
data = np.array(df.iloc[:100, [0, 1, -1]])
X, y = data[:, :-1], data[:, -1]
y = np.array([1 if i == 1 else -1 for i in y])
```

然后，设置感知机的权重向量和偏置项，并将学习率初始化为0.1，采用随机梯度下降法对算法进行优化：

```
class Model:
    def __init__(self):
        self.w = np.ones(len(data[0]) - 1, dtype=np.float32)
        self.b = 0
        # 学习率 rate
        self.l_rate = 0.1
        # self.data = data
    # 误分类判别
    def sign(self, x, w, b):
        y = np.dot(x, w) + b
        return y
```

```
# 随机梯度下降法
def fit(self, X_train, y_train):
    is_wrong = False
    while not is_wrong:
        wrong_count = 0
        for d in range(len(X_train)):
            X = X_train[d]
            y = y_train[d]
            if y * self.sign(X, self.w, self.b) <= 0:
                self.w = self.w + self.l_rate * np.dot(y, X)
                self.b = self.b + self.l_rate * y
                wrong_count += 1
        if wrong_count == 0:
            is_wrong = True
    return 'Perceptron Model!'
```

最后，将分类结果通过 plt()函数绘制在一张图上，结果如图 13.6 所示。

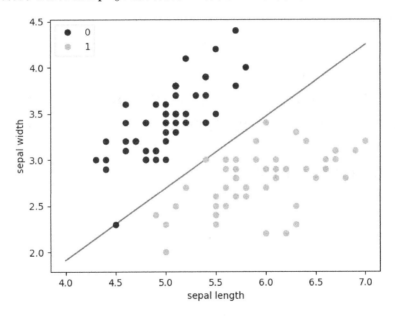

图 13.6 感知机算法实现线性分类

```
x_points = np.linspace(4, 7, 10)
# 绘制曲线
y_ = -(perceptron.w[0] * x_points + perceptron.b) / perceptron.w[1]
plt.plot(x_points, y_)
# 表示函数
plt.plot(data[:50, 0], data[:50, 1], 'bo', color='blue', label='0')
plt.plot(data[50:100, 0], data[50:100, 1], 'bo', color='orange', label='1')
```

```
plt.xlabel('sepal length')
plt.ylabel('sepal width')
plt.legend()
plt.show()
```

可见，感知机算法可以解决线性分类问题，且可以取得较为理想的结果。

13.4　本章小结

本章作为由机器学习向深度学习的过渡章节，首先简单介绍了深度学习的背景并分析了深度学习的优/缺点，使学生对深度学习有了基本的了解；然后通过选取深度学习中较为基础的感知机算法作为引子，介绍了感知机的来源与背景，并对感知机算法进行了概述，以 and 运算作为示例分析了感知机算法的原理并介绍了其训练算法；最后设计了两个实验，使学生能够通过代码更加直观地理解感知机算法及其应用场景。

13.5　本章习题

1．感知机算法的用途是什么？

2．感知机是二分类的线性分类模型，那么，它与多分类和多标签分类有什么区别？

3．感知机在学习权重和偏置时使用随机梯度下降法，随机梯度下降法和反向传播算法有什么区别？

4．感知机算法有哪些优点和缺点？

习题解析

第14章

卷积神经网络

学而思行

　　"取象比类"是中国古代哲学的一种思维方式，强调通过比喻和象征来理解与解决问题，这在古代的医学、文学、艺术等领域都有应用，强调观察和理解事物的内在联系与规律。卷积神经网络同样通过模拟人脑的视觉处理过程，对图像进行层次的处理和理解，这与"取象比类"的思想有一定的相似性。

　　在深度学习中，卷积神经网络是一种非常重要的网络结构，被广泛应用于图像识别、语音识别、自然语言处理等众多领域。通过学习和应用卷积神经网络，可以更好地理解深度学习的原理和应用，进而能够设计和搭建卷积神经网络模型，提高自己利用卷积神经网络解决实际问题的能力。

　　卷积神经网络（Convolutional Neural Network，CNN 或 ConvNet）是一种具有局部连接、权重共享等特性的深层前馈神经网络。卷积神经网络最早主要用来处理图像信息。在用全连接前馈网络处理图像时，会存在以下两个问题。

　　（1）参数太多：如果输入图像的大小为 $100 \times 100 \times 3$（图像的高度为 100、宽度为 100，有 RGB 3 个颜色通道，图像大小的单位为像素，下同），在全连接前馈网络中，第一个隐藏层的每个神经元到输入层都有 $100 \times 100 \times 3 = 30000$ 个互相独立的连接，每个连接都对应一个权重参数。随着隐藏层神经元数量的增多，参数的规模也会急剧增大，导致整个神经网络的训练效率非常低，也很容易出现过拟合现象。

　　（2）局部不变性特征：自然图像中的物体都具有局部不变性特征，如尺度缩放、平移、旋转等操作不影响其语义信息。而全连接前馈网络很难提取这些局部不变性特征，一般需要进行数据增强来提高用全连接前馈网络处理图像的性能。

　　卷积神经网络是受生物学中感受野（Receptive Field）机制的启发而提出的。感受野机制主要是指听觉、视觉等神经系统中一些神经元的特性，即神经元只接收其所支配的刺激区域内的信号。在视觉神经系统中，视觉皮层中的神经细胞的输出依赖视网膜上的光感受器。当视网膜上的光感受器受刺激而兴奋时，它将神经冲动信号传到视觉皮层，但不是所有视觉皮层中的神经元都会接收这些信号。每个神经元的感受野是指视网膜上的特定区域，只有这个区域内的刺激才能够激活该神经元。

目前的卷积神经网络一般是由卷积层、汇聚（池化）层和全连接层交叉堆叠而成的前馈神经网络。卷积神经网络有 3 个结构上的特性：局部连接、权重共享、汇聚。这些特性使得卷积神经网络具有一定程度的平移、缩放和旋转不变性。与前馈神经网络相比，卷积神经网络的参数更少。卷积神经网络主要使用在图像和视频分析的各种任务（如图像分类、人脸识别、物体识别、图像分割等）中，其准确率一般远远超出其他神经网络模型的准确率。近年来，卷积神经网络也广泛应用于自然语言处理、推荐系统等领域。

14.1　模型概述

14.1.1　卷积神经网络的结构及原理

卷积神经网络在其出现后的短时间内变成了一种颠覆性的技术，打破了从文本、视频到语音等多个领域所有当时最先进的算法，远远超出了其最初在图像处理方面的应用范围。

卷积神经网络由许多神经网络层组成：卷积层和池化层通常是交替的，网络中每个滤波器的深度从左到右依次增加，最后通常由一个或多个全连接层组成。卷积神经网络的工作流程如图 14.1 所示。

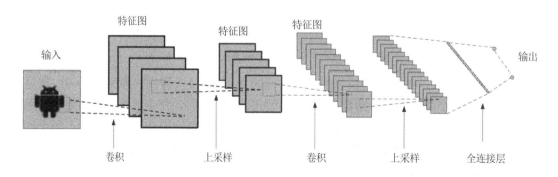

图 14.1　卷积神经网络的工作流程

在 PyTorch 中搭建全连接层时，可通过导入 torch 包，调用 flatten()函数将二维数据转换为一维数据。代码如下：

```
from torch import flatten
x.flatten(start_dim=1)
#注意：在调用中指定适当的 start_dim 参数，它将告诉 flatten()从哪个轴开始展开操作。这
```

里的 1 是索引，因此它是第二个轴，即颜色通道轴。可以这么说，x.flatten(start_dim=1)跳过了
batch 轴，即 batch 轴会保持不变

14.1.2 卷积神经网络的特点

卷积神经网络主要有局部连接和权重共享两大特点。

图 14.2 所示为一个很经典的网络连接示意图，左边是全连接神经网络，右边是局部连
接神经网络。

对于一个 1000×1000 的输入图像，如果下一个隐藏层的神经元数量为 10^6 个，那么采
用全连接有 $1000 \times 1000 \times 10^6 = 10^{12}$ 个权重参数，如此数量巨大的参数几乎难以训练；而采
用局部连接，隐藏层的每个神经元仅与图像中 10×10 的局部图像相连接，此时的权重参
数数量为 $10 \times 10 \times 10^6 = 10^8$ ，将直接降低 4 个数量级。

全连接神经网络 局部连接神经网络

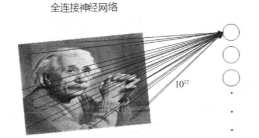

图 14.2 网络连接示意图

尽管降低了几个数量级，但权值参数数量依然较大。能不能进一步减少呢？答案是肯
定的，方法就是权重共享。具体操作：在局部连接中，隐藏层的每个神经元连接的都是一
个 10×10 的局部图像，因此有 10×10 个权重参数，将这 10×10 个权重参数共享给剩下
的神经元，即隐藏层中的 10^6 个神经元的权重参数相同，此时，不管隐藏层神经元有多
少，需要训练的参数就只有这 10×10 个权重参数[卷积核（也称滤波器）的大小]，如
图 14.3 所示。

局部连接神经网络 卷积神经网络

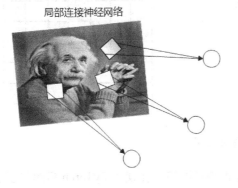

图 14.3 滤波器

这就是卷积神经网络的一个神奇之处，尽管只有这么少的权值参数，但它依旧有出色的性能。然而，这样做仅提取了图像的一种特征，如果要多提取一些特征，则可以增加多个卷积核，不同的卷积核能够得到图像的不同映射下的特征，称之为 Feature Map。如果有 100 个卷积核，那么最终的权重参数也仅有 $100 \times 100 = 10^4$ 个。另外，它的偏置参数也是共享的，同一种滤波器共享一个偏置参数。

14.1.3 卷积层

卷积层通过卷积操作对输入图像进行降维和特征提取。

卷积运算是线性操作，而神经网络要拟合的是非线性函数，因此，与全连接网络类似，此处也需要加上激活函数，常用的有 Sigmoid 激活函数、tanh 激活函数、ReLU 激活函数等。

神经网络前面的卷积层有小的感受野，可以捕捉图像的局部、细节信息，即输出图像的每个像素都是感受到输入图像很小范围中的数值后计算的结果。神经网络后面的卷积层的感受野逐层加大，用于捕获图像更复杂、更抽象的信息。经过多个卷积层的运算，最终得到图像在各个不同尺度上的抽象表示。

卷积层是卷积核在上一级输入层中通过逐一滑动窗口计算得到的，卷积核中的每个参数都相当于传统神经网络中的权重参数，与对应的局部像素相连接，将卷积核的各个参数与对应的局部像素值相乘求和（通常还要加上一个偏置参数），得到卷积层上的结果，如图 14.4 所示。

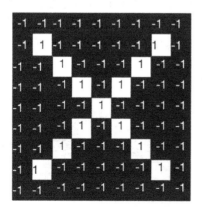
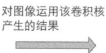
对图像运用该卷积核产生的结果

图 14.4 卷积结果示意图

PyTorch 提供了 torch.nn 模块来创建和训练卷积神经网络，在使用 PyTorch 搭建卷积层时，可通过导入 torch.nn 模块中的 Conv2d() 函数来完成。代码如下：

```
import torch
import torch.nn as nn
nn.Conv2d(                  #输入图像大小为(1,28,28)
    in_channels=1,          #输入图像的高度，因为MINIST数据集是灰度图像，所以只有一个通道
    out_channels=16,        #输出图像的通道数
    kernel_size=5,          #卷积核的大小，即长×宽=5×5
    stride=1,               #步长
    padding=2,              #想要Conv2d()输出的图像的长度和宽度不变，就需要进行补零操作
```

Conv2d()函数详解：

```
torch.nn.Conv2d(in_channels, out_channels, kernel_size, stride=1, padding=0,
dilation=1, groups=1, bias=True)
```

Conv2d()函数的参数及其类型与含义或作用如表 14-1 所示。

表 14-1　Conv2d()函数的参数及其类型与含义或作用

参数	参数类型	含义或作用
in_channels	int	输入图像通道数
out_channels	int	卷积产生的通道数
kernel_size	int 或 tuple	卷积核尺寸，可以设为 1 个 int 型数或 1 个(int, int)型元组。例如，(2,3)是高度为 2、宽度为 3 的卷积核
stride	int 或 tuple	卷积步长，默认为 1，可以设为 1 个 int 型数或 1 个(int, int)型元组
padding	int 或 tuple	填充操作，控制 padding_mode 的数量
padding_mode	string 或 optional	默认为 Zero-padding
dilation	int 或 tuple	扩张操作，控制 kernel 点（卷积核点）的间距，默认值为 1
groups	int	控制分组卷积，默认不分组，为 1 组
bias	bool	若为真，则在输出中添加一个可学习的偏差，默认值为 True

14.1.4　池化层

虽然通过卷积操作完成了对输入图像的降维和特征提取，但特征图像的维数还是很高。维数高不仅计算耗时，还容易导致过拟合。为此，引入了下采样技术，也称池化操作。

池化的做法是对图像的某个区域用一个值代替，如最大值或平均值。如果采用最大值，则叫作最大池化，如图 14.5 所示；如果采用平均值，则叫作平均池化。除了可以减小图像尺寸，池化带来的另一个好处是平移、旋转不变性，因为输出值由图像的一片区域计算得到，所以下采样对平移和旋转并不敏感。

池化层的作用如下。

（1）降维，缩减模型大小，提高计算速度。

（2）降低过拟合概率，提升特征提取的鲁棒性。

（3）对平移和旋转不敏感。

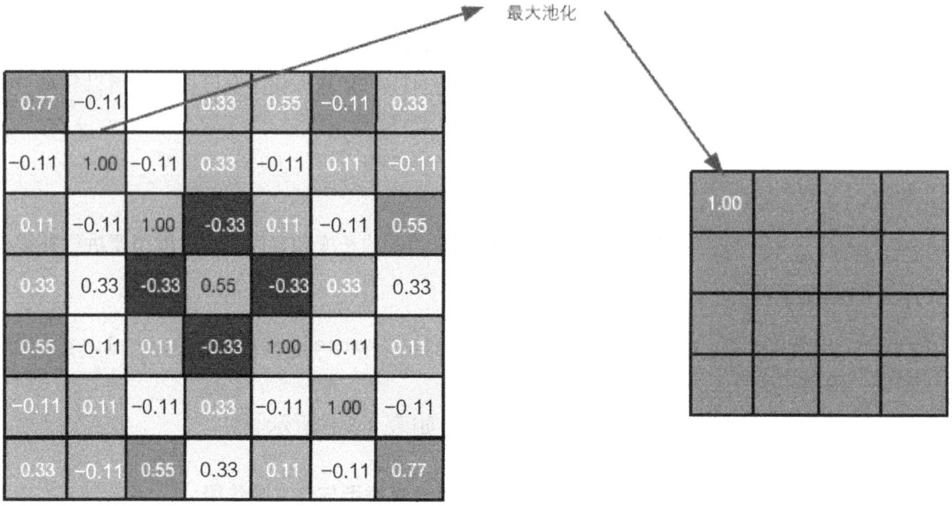

图 14.5　最大池化示意图

　　池化层的具体实现是在进行卷积操作后，对得到的特征图像进行分块，图像被划分成不相交的块，计算这些块内的最大值或平均值，得到池化后的图像。

　　平均池化和最大池化都可以完成下采样操作，前者是线性函数，后者是非线性函数。一般情况下，最大池化有更好的效果。

　　在 PyTorch 中搭建池化层时，可通过导入 torch.nn 模块中的 MaxPool2d() 或 MeanPool2d() 函数来完成。代码如下：

```
import torch
torch.nn.MaxPool2d(kernel_size=2)
```

参数详解（除 kernel_size 外，其他参数均为可选参数）：

kernel_size 表示做最大池化的窗口大小，可以是单个值，也可以是 tuple 元组。

stride 表示步长，可以是单个值，也可以是 tuple 元组。

padding 表示填充，可以是单个值，也可以是 tuple 元组。

dilation 用于控制窗口中元素的步幅。

return_indices 为布尔类型，返回最大值位置索引。

ceil_mode 为布尔类型，其值为 True 表示用向上取整的方法计算输出形状；默认向下取整。

14.1.5　全连接层

　　卷积提取的是局部特征，全连接就是把以前的局部特征重新通过权重矩阵组装成完整

的图。因为用到了所有的局部特征，所以叫全连接。卷积层到全连接层的示意图如图 14.6
所示。

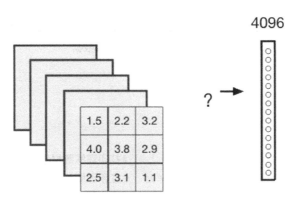

图 14.6 卷积层到全连接层的示意图

在 PyTorch 中搭建全连接层时，可以使用前面提到的 flatten()函数，也可以使用如下
代码：

```
x = x.view(x.size(0), -1)
#view 的作用是对张量 x 进行形状重塑操作，使其变为 batch_size 行的形状，并自动计算出列数
#把每批的每个输入都拉成一个维度，即(batch_size,32*7*7)
#因为 PyTorch 里特征的形式是[bs,channel,h,w]，所以 x.size(0)就是 batch_size
```

14.2 实验数据

14.2.1 准备数据

MNIST 是一个手写数字的图片数据集，该数据集由美国国家标准与技术研究院
（National Institute of Standards and Technology，NIST）发起整理，一共统计了 250 人的手
写数字图片，这 250 人中，50%是高中生，50%是人口调查局的工作人员。该数据集的收
集目的是希望通过算法实现对手写数字的识别。

训练集一共包含 60000 幅/个图像和标签，测试集一共包含 10000 幅/个图像和标签。
测试集中的前 5000 个样本来自最初 NIST 项目的训练集，后 5000 个样本来自最初 NIST
项目的测试集，前 5000 个样本比后 5000 个样本更规整。

PyTorch 提供了现成的数据模块，可以从 PyTorch 中导入 MNIST 模块，程序如下。当
执行 from torchvision.datasets import MNIST 语句时，程序会检查用户目录下是否下载了
MNIST 数据集文件，若已下载，则直接调用该数据集，并将数据分为训练数据、测试数
据；若没有下载，则会自动下载，并完成数据划分，此过程用时较长。

```
from torchvision.datasets import MNIST
#下载数据集
```

```
train_data = MNIST(
root = './data',                    #存储路径
train = True,                       #为 True 时下载训练数据
transform = torchvision.transforms.ToTensor(),  #数据格式转换
download = True                     #为 True 时下载数据
)
test_data = MNIST(
root = './data',
train = False
)
print(train_data.train_data.shape)      #打印训练数据集形状
print(train_data.train_labels.shape)    #打印训练标签集形状
print(test_data.test_data.shape)        #打印测试数据集形状
print(test_data.test_labels.shape)      #打印测试标签集形状
out:    torch.Size([60000, 28, 28])
torch.Size([60000])
torch.Size([10000, 28, 28])
torch.Size([10000])
```

由图像数据集形状可看出，训练数据共 60000 个；测试数据共 10000 个，每幅数据图像的大小为 28×28。

定义 plot_img()函数，查看指定个数的数据图像。这里以查看训练集的第一幅图像为例，代码如下：

```
import matplotlib.pyplot as plt
def plot_img(image):
    fig = plt.gcf()
    fig.set_size_inches(2, 2)
    plt.imshow(image)
    plt.show()
    plt_img(train_data.train_data[0])
```

plt_img()函数的输出结果如图 14.7 所示。

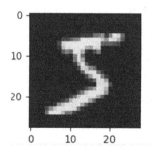

图 14.7　plt_img()函数的输出结果

从图 14.7 中可以看出，训练集的第一幅图像为 5。

14.2.2 处理数据

1. 格式转换

将 NumPy 图像数据转换为 GPU 可使用的 Tensor 格式数据，PyTorch 提供 transforms() 函数用于格式转换。代码如下：

```
from torchvision.transforms import transforms
Transfroms = transforms.Compose([transforms.ToTensor(),
transforms.Normalize(mean=[0.5,0.5,0.5],
std=[0.5,0.5,0.5])])
```

2. 数据划分

由于 GPU 或 CPU 内存的限制，不能一次性将所有图像用于训练，因此需要将训练数据划分为更小的块。PyTorch 提供 DataLoader() 函数用于数据划分，代码如下：

```
from torch.utils.data import Data
train_loader = Data.DataLoader(
    dataset=train_data,
    batch_size=BATCH_SIZE,        #BATCH_SIZE 为超参数，一般取 2 的幂次数
    shuffle=True
)
```

14.3 模型构建

14.3.1 相关函数介绍

本节卷积神经网络的构建将使用 ReLU 作为激活函数，采用最大池化方法，训练时使用交叉熵损失函数，并使用 Adam 优化器进行优化。对于激活函数，前面已经介绍过，这里不再赘述。下面主要介绍交叉熵损失函数和 Adam 优化器。

1. 交叉熵损失函数

对于二分类问题模型，如 Logistic 回归等，真实样本的标签为[0,1]，分别表示负类和正类。模型的最后通常会经过一个 Sigmoid 激活函数，输出一个概率，这个概率反映了样本被预测为正类的可能性，概率越大，可能性越大。

预测输出即 Sigmoid 激活函数的输出，表征了当前样本标签为 1 的概率：

$$\hat{y} = P(y=1|x) \tag{14.1}$$

因此，当前样本标签为 0 的概率就可以表达为

$$1 - \hat{y} = P(y = 0|x) \tag{14.2}$$

从极大似然性的角度出发，把上面两种情况整合到一起为

$$P(y \mid x) = \hat{y}^y (1 - \hat{y})^{1-y} \tag{14.3}$$

$P(y|x)$越大，结果越好。首先，对 $P(y|x)$引入对数函数，因为对数运算并不会影响函数本身的单调性。此时有

$$\log P(y \mid x) = \log\left(\hat{y}^y (1 - \hat{y})^{1-y}\right) = y\log\hat{y} + (1 - y)\log(1 - \hat{y}) \tag{14.4}$$

$\log P(y|x)$越大越好，反过来，只要 $\log P(y|x)$的负值$-\log P(y|x)$越小就行了。此时可以引入损失函数，且令 $L = -\log P(y|x)$，则得到交叉熵损失函数：

$$L = -\left[y\log\hat{y} + (1 - y)\log(1 - \hat{y}) \right] \tag{14.5}$$

上面已经推导出了单个样本的交叉熵损失函数，如果要计算 N 个样本的总的交叉熵损失函数，那么只要将 N 个 L 叠加起来就可以了：

$$L = \sum_{i=1}^{N} y^{(i)}\log y^{(i)} + \left(1 - y^{(i)}\right)\log\left(1 - y^{(i)}\right) \tag{14.6}$$

这样，就完整地实现了交叉熵损失函数的推导。

2. Adam 优化器

Adam 优化器将惯性保持和环境感知这两个优点集于一身。一方面，Adam 优化器记录梯度的一阶矩（First Moment），即过往梯度与当前梯度的平均值，这体现了惯性保持；另一方面，Adam 优化器记录梯度的二阶矩（Second Moment），即过往梯度的平方与当前梯度的平方的平均值，这体现了环境感知，为不同参数产生自适应的学习率。一阶矩和二阶矩的计算采用类似滑动窗口的方法来综合当前梯度与一定时间内历史梯度的影响，其中历史梯度对当前贡献的平均值随时间指数级减小，以此来凸显最新梯度的信息。具体来说，一阶矩和二阶矩采用指数衰退平均（Exponential Decay Average）技术，计算公式为

$$\begin{aligned} \boldsymbol{m}_t &= \beta_1 \boldsymbol{m}_{t-1} + (1 - \beta_1) \boldsymbol{g}_t \\ \boldsymbol{v}_t &= \beta_2 \boldsymbol{v}_{t-1} + (1 - \beta_2) \boldsymbol{g}_t^2 \end{aligned} \tag{14.7}$$

其中，β_1、β_2 为衰减系数；$\boldsymbol{m}_t$ 为一阶矩；$\boldsymbol{v}_t$ 为二阶矩。

Adam 优化器的更新公式为

$$\theta_{t+1} = \theta_t - \frac{\eta \hat{\boldsymbol{m}}_t}{\sqrt{\hat{\boldsymbol{v}}_t} + } \tag{14.8}$$

其中，$\hat{\boldsymbol{m}}_t = \dfrac{\boldsymbol{m}_t}{1 - \beta_1^t}$；$\hat{\boldsymbol{v}}_t = \dfrac{\boldsymbol{v}_t}{1 - \beta_2^t}$。

14.3.2 卷积神经网络模型的构建

#用 class 类构建卷积神经网络（CNN）模型

```
#卷积神经网络的工作流程：卷积（Conv2d）→激励函数（ReLU）→池化（MaxPooling）→卷
积（Conv2d）→激励函数（ReLU）→池化（MaxPooling）→展平多维卷积生成的特征图→接入全连
接层（Linear）→输出
class CNN(nn.Module):    #所构建的卷积神经网络继承 nn.Module 这个模块
    def __init__(self):
        super(CNN, self).__init__()
        #建立第一个卷积（Conv2d）→激励函数（ReLU）→池化（MaxPooling）
        self.conv1 = nn.Sequential(
            #第一个卷积
        nn.Conv2d(#输入图像大小为(1,28,28))
            in_channels=1,    #输入图像的高度，因为 MINIST 数据集中是灰度图像，所以
只有一个通道
            out_channels=16,  #卷积核的高度
            kernel_size=5,    #卷积核的大小，即长×宽=5×5
            stride=1,         #步长
            padding=2,        #想要卷积输出的图像的长度和宽度不变，就需要进行补零操作
            padding = (kernel_size-1)/2
        ),                    #输出图像大小为(16,28,28)
        nn.ReLU(),            #激活函数
        nn.MaxPool2d(kernel_size=2),   #池化，在 2×2 空间中进行下采样
        #输出图像大小为(16,14,14)
        )
        #建立第二个卷积（Conv2d）→ 激励函数（ReLU）→池化（MaxPooling）
        self.conv2 = nn.Sequential(
        nn.Conv2d(16,32,5,1,2),nn.ReLU(),nn.MaxPool2d(2))
        #建立全卷积连接层
        self.out = nn.Linear(32 * 7 * 7, 10)    #输出是 10 个类
        #下面定义 x 的传播路线
    def forward(self, x):
        x = self.conv1(x)    #x 先通过 conv1
        x = self.conv2(x)    #再通过 conv2
        #把每批的每个输入都拉成一个维度，即(batch_size,32*7*7)
        #因为 PyTorch 中特征的形式是[bs,channel,h,w]，所以 x.size(0)就是 batch_size
        x = x.view(x.size(0), -1)    #view()函数将 x 的形状重新组织，保持第一个维
度不变（通常代表 batch_size），并将其余维度展平为一维
        output = self.out(x)
        return output
```

14.3.3 模型训练

1. 调用模型

调用模型代码如下：

```
cnn = CNN()
cnn   #输出模型结构
out:
CNN(
(conv1): Sequential(
(0): Conv2d(1, 16, kernel_size=(5, 5), stride=(1, 1), padding=(2, 2))
(1): ReLU()
(2): MaxPool2d(kernel_size=2, stride=2, padding=0, dilation=1, ceil_mode=
False))
(conv2): Sequential(
(0): Conv2d(16, 32, kernel_size=(5, 5), stride=(1, 1), padding=(2, 2))
(1): ReLU()
(2): MaxPool2d(kernel_size=2, stride=2, padding=0, dilation=1, ceil_mode=
False))
(out): Linear(in_features=1568, out_features=10, bias=True)
)
```

2. 优化器、损失函数的实现

优化器、损失函数的实现代码如下：

```
#优化器选择 Adam
optimizer = torch.optim.Adam(cnn.parameters(), lr=LR)
# 损失函数
loss_func = nn.CrossEntropyLoss()
```

3. 训练

训练代码如下：

```
for epoch in range(EPOCH):
    for step, (b_x, b_y) in enumerate(train_loader):   #分配批处理数据
        output = cnn(b_x)                    #将数据放到cnn()函数中计算output
        loss = loss_func(output, b_y)        #输出预测标签和真实标签的损失函数的值，
二者位置不可颠倒
        optimizer.zero_grad()                #清除之前学到的梯度的参数
        loss.backward()                      #反向传播，计算梯度
        optimizer.step()                     #应用梯度
        if step % 50 == 0:
            test_output = cnn(test_x)
            pblack_y = torch.max(test_output, 1)[1].data.numpy()
            accuracy = float((pblack_y == test_y.data.numpy()).astype(int).sum())
/ float(test_y.size(0))
            print('Epoch: ', epoch, '| train loss: %.4f' % loss.data.numpy(),
'| test accuracy: %.2f' % accuracy)
    torch.save(cnn.state_dict(), 'cnn2.pkl')     #保存模型
```

运行上述代码后，会显示每个 epoch 迭代的训练误差、测试准确率。这里略去验证集的误差和准确率：

```
Epoch: 0 | train loss: 2.2950 | test accuracy: 0.15
Epoch: 0 | train loss: 0.5671 | test accuracy: 0.81
Epoch: 0 | train loss: 0.3317 | test accuracy: 0.89
Epoch: 0 | train loss: 0.1529 | test accuracy: 0.92
Epoch: 0 | train loss: 0.2739 | test accuracy: 0.94
Epoch: 0 | train loss: 2.2950 | test accuracy: 0.15
Epoch: 0 | train loss: 0.5671 | test accuracy: 0.81
Epoch: 0 | train loss: 0.3317 | test accuracy: 0.89
Epoch: 0 | train loss: 0.1529 | test accuracy: 0.92
Epoch: 0 | train loss: 0.2739 | test accuracy: 0.94
Epoch: 0 | train loss: 0.1618 | test accuracy: 0.94
Epoch: 0 | train loss: 0.2368 | test accuracy: 0.95
Epoch: 0 | train loss: 0.0742 | test accuracy: 0.94
Epoch: 0 | train loss: 0.1217 | test accuracy: 0.95
Epoch: 0 | train loss: 0.1100 | test accuracy: 0.96
Epoch: 0 | train loss: 0.1131 | test accuracy: 0.96
Epoch: 0 | train loss: 0.1196 | test accuracy: 0.96
Epoch: 0 | train loss: 0.1308 | test accuracy: 0.96
Epoch: 0 | train loss: 0.1310 | test accuracy: 0.97
Epoch: 0 | train loss: 0.1544 | test accuracy: 0.96
Epoch: 0 | train loss: 0.0456 | test accuracy: 0.96
Epoch: 0 | train loss: 0.0368 | test accuracy: 0.97
Epoch: 0 | train loss: 0.0722 | test accuracy: 0.97
Epoch: 0 | train loss: 0.1051 | test accuracy: 0.97
Epoch: 0 | train loss: 0.1004 | test accuracy: 0.98
Epoch: 0 | train loss: 0.1572 | test accuracy: 0.97
Epoch: 0 | train loss: 0.0956 | test accuracy: 0.98
Epoch: 0 | train loss: 0.3542 | test accuracy: 0.97
Epoch: 0 | train loss: 0.0137 | test accuracy: 0.98
```

4. 结果分析

将测试集数据输入模型，将输出的预测数字与测试集中的标签进行对比，检验模型的有效性。代码如下：

```
inputs = test_x
test_output = cnn(inputs)
pblack_y = torch.max(test_output, 1)[1].data.numpy()    #模型预测
accuracy = float((pblack_y==test_y.data.numpy()).astype(int).sum())/
float(test_y.size(0))
print(pblack_y, 'pblackiction number')                   #打印识别后的数字
accuracy                                                  #打印准确率
```

```
out:
[7 2 1 ... 3 9 5] pblackiction number
0.976
```

由代码输出结果可知，两层卷积神经网络模型对 MNIST 数据集的分类准确率为97.6%（0.976），与训练集相当，说明模型未出现过拟合、欠拟合现象，即模型是有效的。

14.4　本章小结

卷积神经网络是受生物学上感受野机制的启发而提出的。本章简要介绍了卷积神经网络的工作流程、图像卷积、激活、池化等，在 MNIST 数据集上实现了卷积神经网络手写数字的分类。在卷积神经网络技术受到广泛关注后，多种卷积神经网络变体相继出现。

AlexNet 是第一个现代深度卷积神经网络模型，可以说，它是深度学习技术在图像分类上真正突破的开端。AlexNet 不使用预训练和逐层训练的方式，首次使用了很多现代深度网络技术，如使用 GPU 进行并行训练、采用 ReLU 作为非线性激活函数、使用 Dropout 防止过拟合、使用数据增强提高模型分类准确率等。这些技术极大地推动了端到端的深度学习模型的发展。

在 AlexNet 之后，出现了很多优秀的卷积神经网络，如 VGG 网络、Inception V1/V2/V4 网络、残差网络等。目前，卷积神经网络已经成为计算机视觉领域的主流模型，通过引入跨层的直连边，可以训练上百层甚至上千层的卷积神经网络。随着网络层数的增加，卷积层越来越多地使用 1×1 和 3×3 的小卷积核，也出现了一些不规则的卷积操作，如空洞卷积、可变形卷积等；网络结构也逐渐趋向于全卷积网络（Fully Convolutional Network，FCN），减小池化层和全连接层的作用。第 15 章将进一步学习卷积神经网络的变体——VGG16 网络，其拥有更深的网络层次和更强大的特征提取能力。

14.5　本章习题

1. 卷积神经网络的基本结构有哪些？

2. 卷积层有哪些基本参数？

3. 卷积核是否一定越大越好？不同大小的卷积核有哪些优/缺点？

4. 卷积神经网络中池化层的作用是什么？

5. 卷积神经网络中 1×1 的卷积的作用是什么？

习题解析

第 15 章

VGG16 网络

学而思行

古语有云，"发展之思，源远流长；与时俱进，创新无穷"。此言道出了发展思想的重要性和持续性。发展是人类社会不断进步的动力和源泉，是推动人类文明进步的关键因素。在人工智能的世界里，有一种网络模型，它以卓越的性能改变了我们对图像的认知，它就是 VGG16。

这款经典的卷积神经网络模型不仅在学术领域大放异彩，还在现实生活中留下了深刻的印记。而随着科技的进步和人工智能的发展，VGG16 网络的应用领域也在不断扩大，从智能家居的智能化管理到虚拟现实的场景构建，再到工业生产中的质量检测，VGG16 网络都在以其卓越的性能推动着各行业的创新发展。它就像一个富有冒险精神的探索者，带领我们进入一个充满无限可能的未来世界。

VGG 是牛津大学的 Visual Geometry Group 提出的，其名字也由此而来。2012 年，AlexNet 在 ImageNet 数据集上显著地降低了分类错误率，大获成功，深度学习一时间变得炙手可热，进入迅速发展阶段，很多模型在此基础上做了大量尝试和改进，大体有两个方向：①小卷积核，如 2013 年提出的 ZFNet（把卷积核缩小，进行模型可视化）；②多尺度，训练和测试使用整幅图像的不同尺度，并在此基础上考虑了网络深度对结果的影响。

2014 年，牛津大学机器人实验室尝试构建了更深的网络，如 VGG16 网络，它有 16 层，虽然现在看起来稀松平常，但与 AlexNet 相比，其层数翻了几倍。这个阶段，主要是没有解决网络太深导致梯度反向传播消失的问题，且受限于 GPU 等硬件设备的性能，因此深度网络不易训练。

不过，VGG 显然是当时最好的图像分类模型，它在 2014 年的 ILSVRC 竞赛中荣获分类项目的第二名和定位项目的第一名，同时，该模型对其他数据集有很好的泛化能力，说明加深网络能在一定程度上影响网络的识别效果。VGG 由于其结构简单、提取特征能力强而应用场景广泛，经常用于目标检测的骨干网络模型来提取特征，也用于 GAN 内容特征的提取。

15.1 模型概述

本章内容主要基于 2014 年牛津大学发表的一篇文章——*Very Deep Convolutional Networks for Large-Scale Image Recognition*，该文章提出了 VGGNet 模型。

15.1.1 VGG 网络的结构及原理

1. 结构

VGG 网络根据卷积核大小和卷积层数的不同，可分为 A、A-LRN、B、C、D、E 6 种配置（见图 15.1），其中，D、E 两种配置较为常用，分别称为 VGG16 网络和 VGG19 网络。

A	A-LRN	B	C	D	E
11个权重层	11个权重层	13个权重层	16个权重层	16个权重层	19个权重层
input (224 × 224 RGB image)					
conv3-64	conv3-64 **LRN**	conv3-64 **conv3-64**	conv3-64 conv3-64	conv3-64 conv3-64	conv3-64 conv3-64
maxpool					
conv3-128	conv3-128	conv3-128 **conv3-128**	conv3-128 conv3-128	conv3-128 conv3-128	conv3-128 conv3-128
maxpool					
conv3-256 conv3-256	conv3-256 conv3-256	conv3-256 conv3-256	conv3-256 conv3-256 **conv1-256**	conv3-256 conv3-256 **conv3-256**	conv3-256 conv3-256 conv3-256 **conv3-256**
maxpool					
conv3-512 conv3-512	conv3-512 conv3-512	conv3-512 conv3-512	conv3-512 conv3-512 **conv1-512**	conv3-512 conv3-512 **conv3-512**	conv3-512 conv3-512 conv3-512 **conv3-512**
maxpool					
conv3-512 conv3-512	conv3-512 conv3-512	conv3-512 conv3-512	conv3-512 conv3-512 **conv1-512**	conv3-512 conv3-512 **conv3-512**	conv3-512 conv3-512 conv3-512 **conv3-512**
maxpool					
FC-4096					
FC-4096					
FC-1000					
Softmax					

图 15.1 VGG 网络的 6 种配置

针对 VGG16 网络进行具体分析可以发现，其包含的层次如下。

（1）13 个卷积层（Convolutional Layer），分别用 conv3-XXX 表示。

（2）3 个全连接层（Fully Connected Layer），分别用 FC-XXXX 表示。

（3）5 个池化层（Pool Layer），分别用 maxpool 表示。

其中，卷积层和全连接层具有权重系数，因此也被称为权重层，总数量为 13+3=16，这就是 VGG16 网络中 16 的来源（池化层不涉及权重，因此不属于权重层）。

2. 原理

其实，VGG 网络模型的设计思想很清晰，主要是为了探究网络深度对模型精度的影响，因此，VGG 网络的设计模仿了 AlexNet，只是增加了卷积层的数量和减小了卷积核尺寸，全连接层保留了 AlexNet 的结构。相比于 AlexNet，VGG 网络有如下优点。

（1）卷积层的数量更多，提高了模型精度。

（2）采用了较小的卷积核，减少了模型参数，只采用了 3×3 及 1×1 的卷积核。

在 VGG 网络中，使用 3 个 3×3 卷积核来代替 7×7 卷积核，使用 2 个 3×3 卷积核来代替 5×5 卷积核，这样做的主要目的是在保证具有相同感受野的条件下增加网络深度，在一定程度上改善神经网络的效果。例如，3 个步长为 1 的 3×3 卷积核的一层层叠加可看作一个大小为 7 的感受野，其参数总量为 $3×(9×C^2)$，如果直接使用 7×7 卷积核，则其参数总量为 $49×C^2$，这里的 C 指的是输入和输出的通道数。很明显，$27×C^2<49×C^2$，即减少了参数；而且，3×3 卷积核可以更好地保持图像性质。

这里解释为什么使用 2 个 3×3 卷积核可以代替 5×5 卷积核：5×5 卷积可以看作一个小的全连接网络在 5×5 区域内滑动，先使用一个 3×3 的卷积滤波器做卷积，再用一个全连接层连接这个 3×3 卷积输出，这个全连接层也可以看作一个 3×3 卷积层。这样就可以用 2 个 3×3 卷积串联（叠加）起来代替一个 5×5 卷积。卷积核示意图如图 15.2 所示。

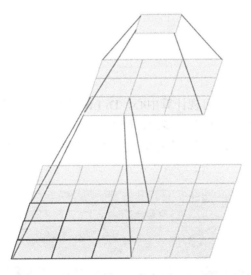

图 15.2　卷积核示意图

15.1.2　VGG 网络的特点

VGG 网络的优点如下。

（1）VGG 网络探索了 CNN 的深度与其性能之间的关系，通过反复堆叠 3×3 的小型卷积核和 2×2 的最大池化层，VGG 网络成功地构筑了 16～19 层深的 CNN。

（2）VGG 网络结构简洁，整个网络都使用了同样大小的卷积核尺寸（3×3）和最大池化尺寸（2×2）。

（3）拥有 5 段卷积，每段内有 2～3 个卷积层，每段段尾连接一个最大池化层，用来缩小图像。

（4）使用非常多的 3×3 卷积进行串联，卷积串联比单独使用一个较大的卷积核拥有更少的参数，同时比单独一个卷积层拥有更多的非线性变换。

VGG 网络的缺点如下。

（1）由于使用了较多的全连接层（3 个），因此其参数多。

（2）因为很多卷积层执行了通道数翻倍操作，因此其需要训练的特征数量巨大。

15.2　实验数据

实验方法：VGG16 网络天气识别。

实验数据集：Weather_train。

实验目的：基于 VGG16 网络模型，在 Weather_train 数据集上进行训练，实现天气预测。

15.2.1　准备数据

1. 数据集来源

本实验数据来自深圳大学可视计算中心，Di Lin 和 Cewu Lu 等人构建了一个多类基准数据集 MWD，其中包含来自晴天、多云、雨天、雪天、雾霾和雷雨天气的 6 个常见类别的 65000 幅图像。此数据集有利于进行天气分类和属性识别。数据集部分图像如图 15.3 所示。

图 15.3　数据集部分图像

2. 数据集下载

可在深圳大学可视计算中心官网下载该数据集。为了方便实验，本书从此数据集中选取部分图像作为实验数据集，选择雾霾、雨天、雪天、晴天 4 种天气，每种天气的图像都有 500 幅，共计 2000 幅图像作为训练集；选取每种天气图像各 100 幅，共计 400 幅图像作为测试集。本实验数据文件结构如图 15.4 所示。

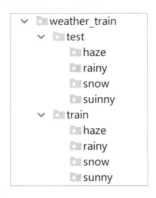

图 15.4　本实验数据文件结构

15.2.2　处理数据

1. 格式转换

将 NumPy 图像数据转换为 GPU 可使用的 Tensor 格式数据，PyTorch 提供 transforms() 函数进行格式转换。设置输入图像大小为 224×224，转换为 Tensor 格式数据，并设置均值方差后装载数据，代码如下：

```
# 定义要对数据进行的处理
def get_dataloader(data_type):
    data_transform = {x: transforms.Compose([transforms.Resize([224, 224]),
                        transforms.ToTensor(),
                        transforms.Normalize(mean=[0.5, 0.5, 0.5], std=[0.5,
0.5, 0.5])])
                for x in ["{}".format(data_type)]}
    #载入数据
    image_datasets = {x: datasets.ImageFolder(root=os.path.join(data_dir, x),
                        transform=data_transform[x])
                for x in ["{}".format(data_type)]}
    #装载数据
    dataloader = {x: torch.utils.data.DataLoader(dataset=image_datasets[x],
                        batch_size=16,
                        shuffle=True)
                for x in ["{}".format(data_type)]}
```

```
# 验证 One-Hot 编码的对应关系
index_classes = image_datasets["{}".format(data_type)].class_to_idx
# print(index_classes)
# 使用 example_classes 存放原始标签的结果
example_classes = image_datasets["{}".format(data_type)].classes
# print(example_classes)
return dataloader, index_classes, example_classes,image_datasets
```

2. 数据划分

调用 get_dataloader 接口，将数据分为训练集和测试集。代码如下：

```
train_dataloader,train_index_classes,train_example_classes,train_image_d
atasets= get_dataloader('train')
test_dataloader,test_index_classes,test_example_classes,test_image_datas
ets= get_dataloader('test')
```

15.3 模型构建

15.3.1 VGG16 网络模型的构建

1. 基于 Torch 构建 VGG16 网络模型

VGG16 网络总共有 16 层（13 个卷积层和 3 个全连接层），第一次经过 64 个卷积核的两次卷积后，进行一次池化；第二次经过 128 个卷积核的两次卷积后，进行一次池化；重复 512 个卷积核的两次卷积后，进行一次池化；最后经过三次全连接。代码如下：

```
import torch
import torch.nn as nn
class VGG16(nn.Module):
  def __init__(self):
  super(VGG16, self).__init__()
  self.features = nn.Sequential(
  #卷积层 Conv_1_1+Conv_1_2+池化层 max_pool_1
  nn.Conv2d(3, 64, 3, 1, 1),
  nn.BatchNorm2d(64, 0.9),
  nn.ReLU(),
  nn.Conv2d(64, 64, 3, 1, 1),
  nn.BatchNorm2d(64, 0.9),
  nn.ReLU(),
  nn.MaxPool2d(2, 2),
  #卷积层 Conv_2_1+Conv_2_2+池化层 max_pool_2
  nn.Conv2d(64, 128, 3, 1, 1),
  nn.BatchNorm2d(128, 0.9),
```

```
nn.ReLU(),
nn.Conv2d(128, 128, 3, 1, 1),
nn.BatchNorm2d(128, 0.9),
nn.ReLU(),
nn.MaxPool2d(2, 2),
#卷积层 Conv_3_1+Conv_3_2+Conv_3_3+池化层 max_pool_3
nn.Conv2d(128, 256, 3, 1, 1),
nn.BatchNorm2d(128, 0.9),
nn.ReLU(),
nn.Conv2d(256, 256, 3, 1, 1),
nn.BatchNorm2d(256, 0.9),
nn.ReLU(),
nn.Conv2d(256, 256, 3, 1, 1),
nn.BatchNorm2d(256, 0.9),
nn.ReLU(),
nn.MaxPool2d(2, 2),
#卷积层 Conv_4_1+Conv_4_2+Conv_4_3+池化层 max_pool_4
nn.Conv2d(256, 512, 3, 1, 1),
nn.BatchNorm2d(512, 0.9),
nn.ReLU(),
nn.Conv2d(512, 512, 3, 1, 1),
nn.BatchNorm2d(512, 0.9),
nn.ReLU(),
nn.Conv2d(512, 512, 3, 1, 1),
nn.ReLU(),
nn.MaxPool2d(2, 2),
#卷积层 Conv_5_1+Conv_5_2+Conv_5_3+池化层 max_pool_5
nn.Conv2d(512, 512, 3, 1, 1),
nn.BatchNorm2d(512, 0.9),
nn.ReLU(),
nn.Conv2d(512, 512, 3, 1, 1),
nn.BatchNorm2d(512, 0.9),
nn.ReLU(),
nn.Conv2d(512, 512, 3, 1, 1),
nn.BatchNorm2d(512, 0.9),
nn.ReLU(),
nn.MaxPool2d(2, 2)
self.classifier = nn.Sequential()
#三次全连接，最后接 Softmax 激活函数进行分类
#fc1
nn.Linear(512, 4096),
nn.ReLU(),nn.Dropout(),
#fc2
```

```
    nn.Linear(4096, 4096),
    nn.ReLU(),
    nn.Dropout(),
    #fc3
    nn.Linear(4096, 1000),)
    def forward(self, x):
        x = self.features(x)
        x = x.view(x.size(x), -1)
        x = self.classifier(x)
    return x
```

2. 模型训练

使用 Torch 自带的 VGG16 网络模型做迁移学习，设置全连接层的输出为 4 类：

```
model = models.vgg16(pretrained=True)
#对迁移模型进行调整
for parma in model.parameters():
    parma.requires_grad = False
    model.classifier = torch.nn.Sequential(torch.nn.Linear(25088, 4096),
        torch.nn.ReLU(),
        torch.nn.Dropout(p=0.5),
        torch.nn.Linear(4096, 4096),
        torch.nn.ReLU(),
        torch.nn.Dropout(p=0.5),
    torch.nn.Linear(4096, 4))
#查看调整后的迁移模型
print("调整后模型:\n", model)
VGG(
(features): Sequential(
(0): Conv2d(3, 64, kernel_size=(3, 3), stride=(1, 1), padding=(1, 1))
(1): ReLU(inplace=True)
(2): Conv2d(64, 64, kernel_size=(3, 3), stride=(1, 1), padding=(1, 1))
(3): ReLU(inplace=True)
(4): MaxPool2d(kernel_size=2, stride=2, padding=0, dilation=1, ceil_mode=False)
(5): Conv2d(64, 128, kernel_size=(3, 3), stride=(1, 1), padding=(1, 1))
(6): ReLU(inplace=True)
(7): Conv2d(128, 128, kernel_size=(3, 3), stride=(1, 1), padding=(1, 1))
(8): ReLU(inplace=True)
(9): MaxPool2d(kernel_size=2, stride=2, padding=0, dilation=1, ceil_mode=False)
(10): Conv2d(128, 256, kernel_size=(3, 3), stride=(1, 1), padding=(1, 1))
(11): ReLU(inplace=True)
(12): Conv2d(256, 256, kernel_size=(3, 3), stride=(1, 1), padding=(1, 1))
(13): ReLU(inplace=True)
```

```
(14): Conv2d(256, 256, kernel_size=(3, 3), stride=(1, 1), padding=(1, 1))
(15): ReLU(inplace=True)
(16): MaxPool2d(kernel_size=2, stride=2, padding=0, dilation=1, ceil_mode=False)
(17): Conv2d(256, 512, kernel_size=(3, 3), stride=(1, 1), padding=(1, 1))
(18): ReLU(inplace=True)
(19): Conv2d(512, 512, kernel_size=(3, 3), stride=(1, 1), padding=(1, 1))
(20): ReLU(inplace=True)
(21): Conv2d(512, 512, kernel_size=(3, 3), stride=(1, 1), padding=(1, 1))
(22): ReLU(inplace=True)
(23): MaxPool2d(kernel_size=2, stride=2, padding=0, dilation=1, ceil_mode=False)
(24): Conv2d(512, 512, kernel_size=(3, 3), stride=(1, 1), padding=(1, 1))
(25): ReLU(inplace=True)
(26): Conv2d(512, 512, kernel_size=(3, 3), stride=(1, 1), padding=(1, 1))
(27): ReLU(inplace=True)
(28): Conv2d(512, 512, kernel_size=(3, 3), stride=(1, 1), padding=(1, 1))
(29): ReLU(inplace=True)
(30): MaxPool2d(kernel_size=2, stride=2, padding=0, dilation=1, ceil_mode=False)
)
(avgpool): AdaptiveAvgPool2d(output_size=(7, 7))
(classifier): Sequential(
(0): Linear(in_features=25088, out_features=4096, bias=True)
(1): ReLU()
(2): Dropout(p=0.5, inplace=False)
(3): Linear(in_features=4096, out_features=4096, bias=True)
(4): ReLU()
(5): Dropout(p=0.5, inplace=False)
(6): Linear(in_features=4096, out_features=4, bias=True)
)
)
```

开始训练，设置 epoch 为 15，损失函数使用交叉熵损失函数，优化器使用 Adam，训练完成后保存训练好的权重文件：

```
# 判断计算机的 GPU 是否可用
Use_gpu = torch.cuda.is_available()
if Use_gpu:
    model = model.cuda()
# 定义损失函数和优化器
loss_f = torch.nn.CrossEntropyLoss()
optimizer = torch.optim.Adam(model.classifier.parameters(), lr=0.00001)
#在测试集上查看效果
def test(model, test_loader):
    model.eval()
    test_loss = 0
```

```
        correct = 0
        with torch.no_grad():
            for i, data in enumerate(test_loader['test'], 0):
                x, y = data
                optimizer.zero_grad()
                y_hat = model(x)
                test_loss += loss_f(y_hat, y).item()
                pred = y_hat.max(1, keepdim=True)[1]
                correct += pred.eq(y.view_as(pred)).sum().item()
            test_loss /= (i+1)
            print('Testset:  Test loss: {:.4f}, Test  ACC:{:.0f}%\n'.format(
                test_loss, 100. * correct / 400))
# 模型训练和参数优化
epoch_n = 15
time_open = time.time()
for epoch in range(epoch_n):
    print("Epoch {}/{}".format(epoch + 1, epoch_n))
    print("-" * 10)
    for phase in ["train"]:
        if phase == "train":
            print("Training...")
            # 设置为 True，会退出并使用批次均值和批次变量
            model.train(True)
        else:
            print("Validing...")
            # 设置为 False，不会退出并使用训练均值和训练变量
            model.train(False)
        running_loss = 0.0
        running_corrects = 0
        # enuerate() (可选代码) 返回的是索引和元素值，数字 1 表明设置 start=1，即索引
值从 1 开始

        count = 1
        for batch, data in enumerate(train_dataloader[phase], 1):
            # print(count)
            count += 1
            X, y = data
            # 修改处
            if Use_gpu:
                X, y = Variable(X.cuda()), Variable(y.cuda())
            else:
                X, y = Variable(X), Variable(y)
            # y_pred: 预测概率矩阵，16×2
            y_pred = model(X)
```

```
        # pred: 概率较大值对应的索引, 可看作预测结果
        _, pred = torch.max(y_pred.data, 1)
        # 梯度归零
        optimizer.zero_grad()
        # 计算损失
        loss = loss_f(y_pred, y)
        # 若在进行模型训练, 则需要进行反向传播及梯度更新
        if phase == "train":
            loss.backward()
            optimizer.step()
        # 计算损失和
        running_loss += float(loss)
        # 统计预测正确的图片数
        running_corrects += torch.sum(pred == y.data)
        # 共 2000 幅训练图像, 在每 25 个 batch 对模型进行训练之后, 输出训练结果
        if batch % 1 == 0 and phase == "train":
            print("Batch {}, Train Loss:{:.4f}, Train ACC:{:.4F}%".format
(batch, running_loss / batch, 100 * running_corrects / (16 * batch)))
            # 查看测试集效果
    epoch_loss = running_loss * 16 / len(train_image_datasets[phase])
    epoch_acc = 100 * running_corrects / len(train_image_datasets[phase])
    # 输出最终结果
    print("{} Loss:{:.4f} Acc:{:.4f}%".format(phase, epoch_loss, epoch_acc))
    test(model, test_dataloader)
    # torch.save(model.state_dict(), 'c:/Users/19553/Desktop/model{}.pth'.format
(epoch))
# 输出模型训练、参数优化用时
time_end = time.time() - time_open
print(time_end)
```

部分运行日志展示:

```
Epoch 3/15
----------
Training...
Batch 1, Train Loss:0.5608, Train ACC:75.0000%
Batch 2, Train Loss:0.4955, Train ACC:84.3750%
Batch 3, Train Loss:0.5296, Train ACC:83.3333%
Batch 4, Train Loss:0.5550, Train ACC:82.8125%
Batch 5, Train Loss:0.5194, Train ACC:86.2500%
Batch 6, Train Loss:0.5022, Train ACC:86.4583%
Batch 7, Train Loss:0.5191, Train ACC:85.7143%
Batch 8, Train Loss:0.5399, Train ACC:84.3750%
Batch 9, Train Loss:0.5329, Train ACC:84.0278%
```

```
Batch 10, Train Loss:0.5284, Train ACC:83.1250%
Batch 11, Train Loss:0.5203, Train ACC:82.3864%
Batch 12, Train Loss:0.5219, Train ACC:82.8125%
Batch 13, Train Loss:0.5266, Train ACC:82.6923%
Batch 14, Train Loss:0.5248, Train ACC:83.0357%
Batch 15, Train Loss:0.5127, Train ACC:83.7500%
Batch 16, Train Loss:0.5110, Train ACC:83.5938%
Batch 17, Train Loss:0.4997, Train ACC:84.5588%
Batch 18, Train Loss:0.4919, Train ACC:85.0694%
Batch 19, Train Loss:0.4828, Train ACC:85.5263%
Batch 20, Train Loss:0.4871, Train ACC:85.3125%
Batch 21, Train Loss:0.4900, Train ACC:85.4167%
Batch 22, Train Loss:0.4917, Train ACC:85.5114%
Batch 23, Train Loss:0.4915, Train ACC:85.3261%
Batch 24, Train Loss:0.4939, Train ACC:85.1562%
Batch 25, Train Loss:0.4894, Train ACC:85.2500%
Batch 26, Train Loss:0.4863, Train ACC:85.3365%
Batch 27, Train Loss:0.4973, Train ACC:84.9537%
Batch 28, Train Loss:0.5024, Train ACC:84.5982%
Batch 29, Train Loss:0.4942, Train ACC:85.1293%
Batch 30, Train Loss:0.4884, Train ACC:85.6250%
```

15.3.2 测试模型

在测试集上验证训练好的模型，先处理测试数据，再对迁移模型进行调整，设置全连接层输出为4，加载训练好的模型后进行测试。代码如下：

```
#处理测试数据
test_loader,index_classes,example_classes,image_datasets=get_dataloader(
'test')
model = models.vgg16(pretrained=True)
#对迁移模型进行调整
for parma in model.parameters():
    parma.requires_grad = False
    model.classifier = torch.nn.Sequential(torch.nn.Linear(25088, 4096),
    torch.nn.ReLU(),
    torch.nn.Dropout(p=0.5),
    torch.nn.Linear(4096, 4096),
    torch.nn.ReLU(),
    torch.nn.Dropout(p=0.5),
    torch.nn.Linear(4096, 4)
#加载训练好的模型
path='c:/Users/19553/Desktop/CNN-OPT.pth'
```

```
pre_model=torch.load(path)
model.load_state_dict(pre_model)
loss_f = torch.nn.CrossEntropyLoss()
optimizer = optim.SGD(model.parameters(), lr=0.01)
def test(model, test_loader):
    model.eval()
    test_loss = 0
    correct = 0
    with torch.no_grad():
        for i, data in enumerate(test_loader['test_single'], 0):
            x, y = data
            optimizer.zero_grad()
            y_hat = model(x)
            test_loss += loss_f(y_hat, y).item()
            pred = y_hat.max(1, keepdim=True)[1]
            # pred 就是测试出来的类别，顺序对应：0——haze, 1——rainy, 2——snow,
3——sunny
            print(pred)
            correct += pblack.eq(y.view_as(pblack)).sum().item()
    test_loss /= (i+1)
    print('Test set: Average loss: {:.4f}, Accuracy: {}/{} ({:.0f}%)\
n'.format(test_loss, correct, 400, 100. * correct / len(pblack)))
```

15.3.3 结果分析

1. 预测结果

```
test(model,test_loader)
Test set: Average loss: 0.5646, Accuracy: 327/400 (81.75%)
```

可以看到，在测试集上进行验证，准确率达到81.75%。

2. 结果对比

```
Test set: Average loss: 0.5646, Accuracy: 327/400 (81.75%)
train Loss:0.0068 Acc:100.0000%  time:283.48s
```

可以看到，训练准确率达到了100%，测试准确率为81.75%，这种差异是因为训练数据太少，导致训练结果过拟合，这可以通过增加训练数据来解决。

15.4 本章小结

VGG 网络模型采用较深的网络结构、较小的卷积核和池化采样域，使得其能够在获得更多图像特征的同时控制参数总量，避免过多的计算量及过于复杂的结构。通过分析可得出 VGG 网络模型的特点如下。

（1）层数深使得特征图更宽，更加适合大的数据集，可以解决 1000 类图像的分类和定位问题。

（2）卷积核的大小影响参数总量、感受野，前者关系到训练的难易程度及是否方便部署到移动端等，后者关系到参数的更新、特征图的大小、特征是否提取得足够多、模型的复杂程度。

（3）池化层：从 AlexNet 的池化核尺寸为 3×3、步长为 2 的最大池化改变为池化核尺寸均为 2×2、步长为 2 的最大池化，小的池化核能够带来更细节的信息。

（4）全连接层：特征图的高度从 512 后开始进入全连接层，这个全连接层要将 25000 映射为 4096，又接了一个 FC-4096 作为缓冲。使用 1×1 卷积核：选用卷积核的最直接的原因是在维度上继承全连接，可以增强决策函数的非线性能力。

本章详细介绍了 VGG 网络的结构、相关原理和工作流程，并在 Weather_train 数据集上使用迁移 VGG16 网络模型来提取天气图像的深层特征，将其与浅层特征的平均梯度、对比度、饱和度、暗通道进行融合，用于训练 Softmax 分类器，从而实现对雾霾、雨天、雪天、晴天 4 种天气的识别，并在测试集上进行验证，准确率达到了 81.75%。结果表明，增加深度有益于提高模型分类准确率，在传统的卷积神经网络框架中使用更深的层能够在大规模数据集上取得优异的结果。

15.5　本章习题

1．VGG 网络模型的损失函数是什么？

2．VGG 网络模型的预训练权重是如何获取的？

3．VGG 网络模型有哪些常见的变体？

4．在 VGG 网络模型中，如何减少过拟合问题？

习题解析

第 *16* 章

循环神经网络

学而思行

古语有云，"贯通古今，识文解意；传承智慧，妙用无穷"。此言道出了循环神经网络在处理语言方面的独特优势。循环神经网络能够捕捉序列数据中的时间依赖性和长期依赖性，能够更好地理解和预测数据的潜在规律。

循环神经网络在自然语言处理、语音识别、情感分析、推荐系统等众多领域都有广泛的应用，并深深地影响着我们的现实生活。在人工智能的世界里，我们不仅是学习者，还是实践者和创新者，因此，通过学习和应用网络模型，可以更好地理解序列数据的特性和处理方法，提高实际应用能力。同时，通过不断创新和优化网络结构，可推动人工智能技术的发展和应用。

前面介绍了感知机算法和卷积神经网络，它们在处理输入数据时都只能处理单个输入，即前一个输入与后一个输入是完全无关的，但许多任务需要处理序列信息，即输入的数据前后互相关联。例如，在理解一句话的意思时，单独理解这句话中的每个词是不够的，还需要处理这些词连接起来的整个序列。除此之外，在处理视频时，也不能单独分析视频的每帧，而要分析这些帧连接起来的整个序列，这时就需要使用深度学习领域中另一类非常重要的神经网络——循环神经网络（Recurrent Neural Network，RNN）。循环神经网络是为更好地处理时序信息而设计的，它引入状态变量来存储过去的信息，并与当前的输入共同决定当前的输出。因为本章应用基于语言模型展开，所以本章首先介绍语言模型的基本概念，并由此引入循环神经网络的算法原理；然后拓展循环神经网络的架构；最后通过股票价格预测算法来进一步了解循环神经网络的应用。

16.1 算法概述

16.1.1 语言模型

语言模型是自然语言处理领域的重要技术，而循环神经网络最先应用于该领域，其可以为语言模型建模。语言模型可用于提升语音识别和机器翻译的性能。例如，可以尝试和计算机玩一个游戏，写出一句话的前面一些词，让计算机补全接下来的词：

我昨天上学迟到了，老师批评了_____。

当给计算机展示这句话前面的这些词后，我们希望计算机输出接下来的词。在本例中，接下来的词最有可能是"我"，而不太可能是"李华"甚至"语文"。语言模型就是这样一种模型，它可以在给定一句话前半部分的情况下预测后半部分是什么，具有广泛的应用领域。例如，在语音转文本（STT）的应用中，声学模型输出的结果往往是若干可能的候选词，这时就需要语言模型从这些候选词中选择一个最可能的词。当然，它也可以用在图像文本识别（OCR）中。在循环神经网络问世之前，语言模型主要采用 N-Gram。其中，N 是一个自然数，它的含义是假设一个词出现的概率只与前面 N 个词相关。以 2-Gram 为例，首先，对前面一句话进行切词：

我 昨天 上学 迟到 了，老师 批评 了_____。

如果用 2-Gram 进行建模，那么计算机在预测时，只会看到前面的"了"，此时，计算机会在语料库中搜索"了"后面最可能的词。不管最后计算机选的是不是"我"，我们都能知道这个模型不具有可靠性，因为计算机实际上没有用到"了"前面的内容。如果使用 3-Gram 模型，那么计算机会搜索"批评了"后面最可能的词，但这远远不够，因为这句话最关键的信息"我"在 9 个词之前。另外，模型的大小和 N 的关系是指数级的，即 4-Gram 模型就会占用海量的存储空间。为解决这一问题，提出了循环神经网络。理论上，循环神经网络可以考虑前（后）任意多个词。

16.1.2 循环神经网络的原理

循环神经网络种类繁多，本章从最简单的基本循环神经网络入手。图 16.1 表示一个简单的循环神经网络，它由输入层、隐藏层和输出层组成，如果把上面有 W 的那个带箭头的圈去掉，它就变成了最普通的全连接神经网络。在图 16.1 中，x 是一个向量，表示输入层的值；s 是一个向量，表示隐藏层的值（这里隐藏层画了一个节点，读者可以想象这一层其实有多个节点，节点数与向量 s 的维度相同）；U 是输入层到隐藏层的权重矩阵；o 是一个向量，表示输出层的值；V 是隐藏层到输出层的权重矩阵。此时，分析 W 的含义，循环神经网络的隐藏层的值不仅仅取决于当前的输入 x，还取决于上一次隐藏层的值，权重矩阵 W 就是上一次隐藏层的值作为当前的输入的权重。

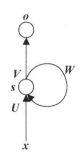

图 16.1 简单的循环神经网络

将图 16.1 展开，如图 16.2 所示。

展开后的循环神经网络的结构更加清晰，在 t 时刻收到输入 x_t 之后，隐藏层的值是 s_t，输出值是 o_t。关键在于，s_t 不仅取决于 x_t，还取决于 x_{t-1}。下列公式用于表示循环神经网络的计算方法：

$$o_t = g(Vs_t) \tag{16.1}$$

$$s_t = f(Ux_t + Ws_{t-1}) \tag{16.2}$$

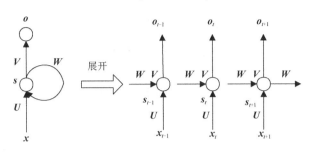

图 16.2 循环神经网络展开图

式（16.1）是输出层的计算公式，输出层是一个全连接层，它的每个节点和隐藏层的每个节点相连。其中，g 是激活函数。式（16.2）是隐藏层的计算公式，它是循环层。其中，U 是输入 x_t 的权重矩阵，W 是上一次的值作为当前值 s_{t-1} 输入的权重矩阵，f 是激活函数。从上述公式中可以看出，循环层和全连接层的区别就是循环层多了一个权重矩阵 W，将式（16.2）反复代入式（16.1）可得

$$
\begin{aligned}
o_t &= g(Vs_t) \\
&= Vf(Ux_t + Ws_{t-1}) \\
&= Vf(Ux_t + Wf(Ux_{t-1} + Ws_{t-2})) \\
&= Vf(Ux_t + Wf(Ux_{t-1} + Wf(Ux_{t-2} + \cdots)))
\end{aligned}
$$

从上面的公式中可以看出，循环神经网络的输出 o_t 受前面历次输入 $x_t, x_{t-1}, x_{t-2}, \cdots$ 的影响，因此，循环神经网络可以考虑前面任意数量的输入。

16.1.3 双向循环神经网络

对语言模型来说，很多时候只看前面的词进行预测会遇到困难。例如，对于下面这句话：

我的手表坏了，我打算_____一块新手表。

如果只看横线前面的词，即"手表坏了"，那么无法判断是进行维修还是买一块新手表。但如果能看到横线后面的词，即"一块新手表"，那么横线上的词为"买"的概率就会大很多。16.1.2 节中的基本循环神经网络无法对此进行建模，因此需要使用双向循环神经网络，如图 16.3 所示。

从图 16.3 中可以看出，双向循环神经网络的隐藏层要保存两个值，一个值 A 参与正向计算，另一个值 A' 参与反向计算。例如，最终的输出 o_2 取决于 A_2 和 A_2'，其计算公式如下：

$$o_2 = g\left(VA_2 + V'A_2'\right) \tag{16.3}$$

其中，A_2 和 A_2' 的计算公式分别为

$$A_2 = f\left(WA_1 + Ux_2\right) \tag{16.4}$$

$$A_2' = f\left(W'A_3' + U'x_2\right) \tag{16.5}$$

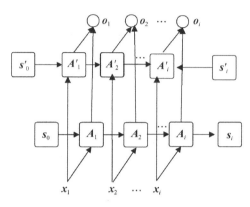

图 16.3　双向循环神经网络

综上可得双向循环神经网络的一般规律：在进行正向计算时，隐藏层的 s_t 与 s_{t-1} 有关；在进行反向计算时，隐藏层的 A_2 和 s_t' 分别与 A_2 和 s_{t+1}' 有关；最终的输出取决于正向计算与反向计算的和。与式（16.1）和式（16.2）类似，双向循环神经网络的计算方法为

$$o_t = g\left(Vs_t + V's_t'\right) \tag{16.6}$$

$$s_t = f\left(Ux_t + Ws_{t-1}\right) \tag{16.7}$$

$$s_t' = f\left(U'x_t + W's_{t+1}'\right) \tag{16.8}$$

从式（16.6）～式（16.8）中可以看出，正向计算和反向计算不共享权重，即 U 和 U'、W 和 W'、V 和 V' 都是不同的权重矩阵。

16.1.4　循环神经网络的训练算法

本节介绍循环神经网络中梯度的计算和存储方法，即时间反向传播（Back Propagation Through Time，BPTT）。它的基本原理和反向传播（BP）算法相同，也包含 3 个步骤。

（1）正向计算每个神经元的输出。

（2）反向计算每个神经元的误差项。

（3）计算每个权重的梯度。

最后用随机梯度下降法更新权重。循环层如图 16.4 所示。

首先进行正向计算，使用式（16.2）对循环层进行正向计算。之后进行误差项计算，

将第 l 层 t 时刻的误差项 δ_t^l 沿两个方向传播,一是传播到上一层网络,得到 δ_t^{l-1},这部分只与权重矩阵 U 相关;二是将其沿时间线传播到初始 t_1 时刻,得到 δ_1^l,这部分只与权重矩阵 W 有关。

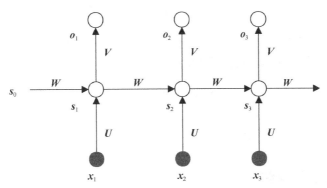

图 16.4 循环层

本节用向量 $\mathbf{net}_t$ 表示神经元在 t 时刻的加权输入,因为

$$\mathbf{net}_t = U\mathbf{x}_t + W\mathbf{s}_{t-1} \tag{16.9}$$

$$\mathbf{s}_{t-1} = f\left(\mathbf{net}_{t-1}\right) \tag{16.10}$$

所以有

$$
\begin{aligned}
\frac{\partial \mathbf{net}_t}{\partial \mathbf{net}_{t-1}} &= \frac{\partial \mathbf{net}_t}{\partial \mathbf{s}_{t-1}} \frac{\partial \mathbf{s}_{t-1}}{\partial \mathbf{net}_{t-1}} \\
&= W\mathrm{diag}\left[f'(\mathbf{net}_{t-1})\right]
\end{aligned} \tag{16.11}
$$

根据式(16.11)可以求得任意时刻 k 的误差项 $\boldsymbol{\delta}_k$:

$$
\begin{aligned}
\boldsymbol{\delta}_k^{\mathrm{T}} &= \frac{\partial E}{\partial \mathbf{net}_k} \\
&= \frac{\partial E}{\partial \mathbf{net}_t} \frac{\partial \mathbf{net}_t}{\partial \mathbf{net}_k} \\
&= \frac{\partial E}{\partial \mathbf{net}_t} \frac{\partial \mathbf{net}_t}{\partial \mathbf{net}_{t-1}} \frac{\partial \mathbf{net}_{t-1}}{\partial \mathbf{net}_{t-2}} \cdots \frac{\partial \mathbf{net}_{k+1}}{\partial \mathbf{net}_k} \\
&= \boldsymbol{\delta}_t^{\mathrm{T}} \prod_{i=k}^{t-1} W\mathrm{diag}\left[f'(\mathbf{net}_i)\right]
\end{aligned} \tag{16.12}
$$

式(16.12)就是将误差项沿时间线反向传播的算法。在完成误差项的计算后,进行 BPTT 算法的最后一步,即计算每个权重的梯度。首先计算误差函数 E 对权重矩阵 W 的梯度 $\frac{\partial E}{\partial W}$,在前两步的计算中,已经得到了每个时刻 t 循环层的输出 $\mathbf{s}_t$ 及误差项 $\boldsymbol{\delta}_t$,因此可以按照如下公式计算权重矩阵 W 在 t 时刻的梯度 $\nabla_{W_t} E$:

$$\nabla \boldsymbol{W}_t E = \begin{bmatrix} \delta_1^t s_1^{t-1} & \delta_1^t s_2^{t-1} & \cdots & \delta_1^t s_n^{t-1} \\ \delta_2^t s_1^{t-1} & \delta_2^t s_2^{t-1} & \cdots & \delta_2^t s_n^{t-1} \\ \vdots & \vdots & & \vdots \\ \delta_n^t s_1^{t-1} & \delta_n^t s_2^{t-1} & \cdots & \delta_n^t s_n^{t-1} \end{bmatrix} \tag{16.13}$$

其中，δ_i^t 表示 t 时刻误差项的第 i 个分量；s_i^{t-1} 表示 $t-1$ 时刻循环层第 i 个神经元的输出。最终的梯度 $\nabla \boldsymbol{W} E$ 是各个时刻的梯度之和：

$$\nabla \boldsymbol{W} E = \sum_{i=1}^{t} \nabla \boldsymbol{W}_i E \tag{16.14}$$

以上就是循环神经网络的训练算法。

16.1.5　长短时记忆网络

16.1.4 节介绍了循环神经网络梯度的计算方法，当时间步数较大或较小时，循环神经网络的梯度容易出现衰减或爆炸问题。虽然剪裁梯度可以应对梯度爆炸问题，但无法有效解决梯度衰减问题。由于这个原因，循环神经网络通常在实际中较难捕捉时间序列中时间步长较大的依赖关系。因此人们提出了一种门控神经循环网络——长短时记忆（Long Short-Term Memory，LSTM）网络。长短时记忆网络的思路比较简单，原始的循环神经网络隐藏层只有一种状态 $\boldsymbol{h}$，它对短期的输入非常敏感，此时可以加入一种新的状态 $\boldsymbol{c}$，用于保存长期状态，即可解决问题，如图 16.5 所示。

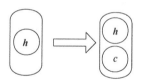

图 16.5　长短时记忆网络和循环神经网络的区别

新的状态 $\boldsymbol{c}$ 称为单元状态（Cell State），将图 16.5 按照时间维度展开可得图 16.6。

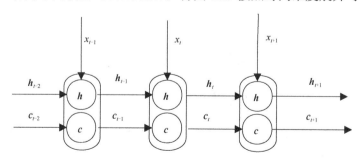

图 16.6　长短时记忆网络按照时间维度展开

如图 16.6 所示，在 t 时刻，长短时记忆网络有 3 个输入，分别为当前时刻网络的输入 $\boldsymbol{x}_t$、上一时刻长短时记忆网络的输出 $\boldsymbol{h}_{t-1}$、上一时刻的单元状态 $\boldsymbol{c}_{t-1}$；长短时记忆网络有 2

个输出，分别为当前时刻长短时记忆网络的输出 h_t 和当前时刻的单元状态 c_t。注意：x、h、c 都是向量。长短时记忆网络的关键就是控制长期状态 c，其思路是使用 3 个控制开关。其中，第 1 个开关负责控制是否继续保存长期状态 c；第 2 个开关负责控制是否把即时状态输入长期状态 c；第 3 个开关负责控制是否把长期状态 c 作为当前时刻长短时记忆网络的输出，如图 16.7 所示。

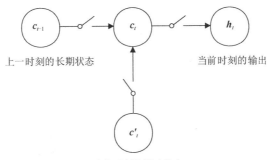

上一时刻的长期状态　　　　　当前时刻的输出

当前时刻的即时状态

图 16.7　长期状态 c 的控制

下面介绍输出 h 和长期状态 c 的计算方法。这里需要用到门（Gate）的概念。门实际上是一个全连接层，它的输入是一个向量，输出是一个 0～1 的实数向量。假设 W 是门的权重向量，b 是偏置项，那么门可以表示为

$$g(x) = \sigma(Wx + b) \tag{16.15}$$

其中，$\sigma(x)$ 表示 Sigmoid 激活函数。门的使用是用门的输出向量按元素乘以需要控制的向量，给该向量中对模型影响较大的单词特征赋予较大的权重。因为门的输出是 0～1 的实数向量，所以当门的输出为 0 时，任何向量与之相乘都是零向量，相当于禁止通过；当门的输出为 1 时，任何向量与之相乘都不会有任何改变，相当于可以通过。因为 $\sigma(x)$ 的值域是 (0,1)，所以门的状态都是半开半闭的。

长短时记忆网络用两个门来控制单元状态 c 的内容，一个是遗忘门（Forget Gate），它决定了上一时刻的单元状态 c_{t-1} 有多少保留到当前时刻的单元状态 c_t 中；另一个是输入门（Input Gate），它决定了当前时刻的输入 x_t 有多少保存到当前时刻的单元状态 c_t 中。同时，长短时记忆网络用输出门（Output Gate）控制当前时刻的单元状态 c_t 有多少输出到长短时记忆网络的当前时刻的输出 h_t 中。首先来看遗忘门的原理：

$$f_t = \sigma(W_f \cdot [h_{t-1}, x_t] + b_f) \tag{16.16}$$

其中，W_f 是遗忘门的权重矩阵；$[h_{t-1}, x_t]$ 表示把两个向量连接成一个更长的向量；b_f 是遗忘门的偏置项；$\sigma(x)$ 是 Sigmoid 激活函数。如果输入的维度是 d_x，隐藏层的维度是 d_h，单元状态的维度是 d_c，通常 $d_c = d_h$，则遗忘门的权重矩阵 W_f 的维度是 $d_c \times (d_h + d_x)$。事实上，权重矩阵 W_f 是由两个矩阵拼接而成的，一个是 W_{fh}，对应输入 h_{t-1}，其维度为 $d_c \times d_h$；另一个是 W_{fx}，对应输入 x_t，其维度为 $d_c \times d_x$。因此，W_f 可以写为

$$\begin{bmatrix} W_f \end{bmatrix}\begin{bmatrix} h_{t-1} \\ x_t \end{bmatrix} = \begin{bmatrix} W_{fh} & W_{fx} \end{bmatrix}\begin{bmatrix} h_{t-1} \\ x_t \end{bmatrix} \qquad (16.17)$$
$$= W_{fh}h_{t-1} + W_{fx}x_t$$

遗忘门的计算方法如图 16.8 所示。

接下来讲述输入门的原理：

$$i_t = \sigma\big(W_i \cdot [h_{t-1}, x_t] + b_i\big) \qquad (16.18)$$

其中，W_i 是输入门的权重矩阵；b_i 是输入门的偏置项。输入门的计算方法如图 16.9 所示。

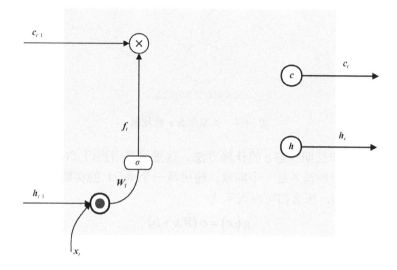

图 16.8　遗忘门的计算方法

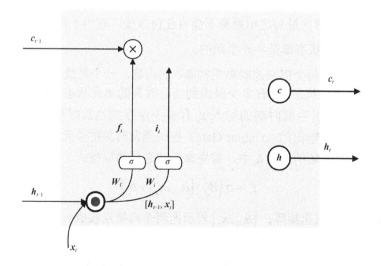

图 16.9　输入门的计算方法

下面计算用于描述当前输入的单元状态 $\tilde{c}_t$，它是根据上一次的输出和当前的输入计算得到的，计算公式如下：

$$\tilde{\boldsymbol{c}}_t = \tanh(\boldsymbol{W}_c \cdot [\boldsymbol{h}_{t-1}, \boldsymbol{x}_t] + b_c)$$ （16.19）

$\tilde{\boldsymbol{c}}_t$ 的计算方法如图 16.10 所示。

现在开始计算当前时刻的单元状态 $\boldsymbol{c}_t$。它是由上一时刻的单元状态 $\boldsymbol{c}_{t-1}$ 按元素乘以遗忘门 $\boldsymbol{f}_t$ 加上用当前输入的单元状态 $\tilde{\boldsymbol{c}}_t$ 按元素乘以输入门 $\boldsymbol{i}_t$ 得到的。$\boldsymbol{c}_t$ 的计算方法如图 16.11 所示。

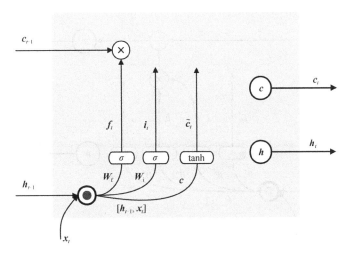

图 16.10 $\tilde{\boldsymbol{c}}_t$ 的计算方法

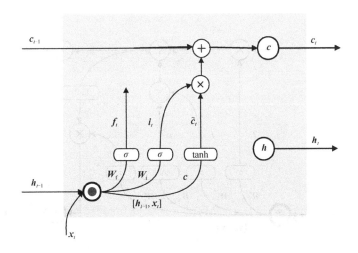

图 16.11 $\boldsymbol{c}_t$ 的计算方法

上述步骤将长短时记忆网络关于当前输入的单元状态 $\tilde{\boldsymbol{c}}_t$ 和长期状态 $\boldsymbol{c}_{t-1}$ 组合在一起，形成了新的单元状态 $\boldsymbol{c}_t$。由于遗忘门的控制，它可以保存很久之前的信息；由于输入门的控制，它可以避免当前无关紧要的内容进入记忆。下面介绍输出门，它控制了长期状态对当前输出的影响：

$$\boldsymbol{o}_t = \sigma\left(\boldsymbol{W}_{\mathrm{o}} \cdot \left[\boldsymbol{h}_{t-1}, \boldsymbol{x}_t\right] + b_{\mathrm{o}}\right) \tag{16.20}$$

输出门的计算方法如图 16.12 所示。

长短时记忆网络的最终输出由输出门和单元状态共同确定，可表示为

$$\boldsymbol{h}_t = \boldsymbol{o}_t \circ \tanh(\boldsymbol{c}_t) \tag{16.21}$$

其中，符号 ∘ 表示按元素相乘。长短时记忆网络的最终计算方法如图 16.13 所示。

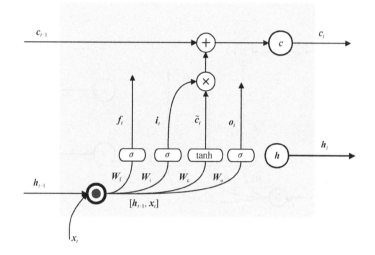

图 16.12 输出门的计算方法

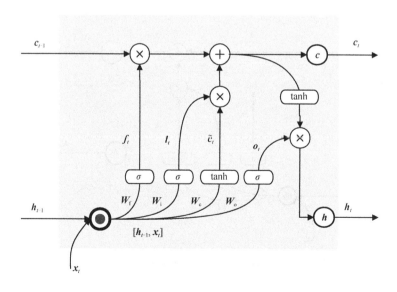

图 16.13 长短时记忆网络的最终计算方法

以上就是长短时记忆网络的算法原理，作为一种门控循环神经网络，长短时记忆网络可以应对循环神经网络中的梯度衰减问题，并能更好地捕捉时间序列中时间步长较大的依赖关系。

16.2 数据处理

实验方法：采用循环神经网络进行预测。

实验数据集：纽约证券交易所股票数据。

实验目的：预测股票价格。

16.2.1 准备数据

为进一步理解循环神经网络的原理并了解其应用场景，本节以股票价格预测为例设计实验。本实验选取纽约证券交易所股票数据作为数据集，该数据集可以从 Kaggle 官网下载。该数据集选取 2010—2016 年部分日期进行数据采集，共采集 501 只股票，总计 851264 条数据。如表 16.1 所示，每条数据都由 7 项组成，第 1 项是数据采集日期，第 2 项是股票的英文名称代码，第 3 项是开盘价，第 4 项是收盘价，第 5 项是最低价，第 6 项是最高价，第 7 项是当日交易量。

表 16.1 纽约证券交易所股票数据示例

date	symbol	open	close	low	high	volume
2010/1/4	AAPL	30.49	30.57	30.34	30.64	123432400
2010/1/4	ABC	26.29	26.63	26.14	26.69	2455900
2010/1/4	ACN	41.52	42.07	41.5	42.2	3650100
2010/1/4	ADBE	36.65	37.09	36.65	37.3	4710200

本实验以 TensorFlow 为框架，考虑到版本兼容问题，推荐下载 2.0 以下版本的 TensorFlow，其他需要用到的库函数如下：

```
import numpy as np
import pandas as pd
import math
import sklearn
import sklearn.preprocessing
import datetime
import os
import matplotlib.pyplot as plt
import TensorFlow as tf
```

本实验按照 8（训练集）∶1（验证集）∶1（测试集）的比例进行划分：

```
#split data in 80%/10%/10% train/validation/test sets
valid_set_size_percentage = 10
test_set_size_percentage = 10
```

16.2.2 分析数据

完成数据准备工作后进行数据分析，首先导入数据集，同时统计不同股票的数目：

```
#import all stock prices
df = pd.read_csv("../prices-split-adjusted.csv", index_col = 0)
df.info()
df.head()
#number of different stocks
print('\nnumber of different stocks: ', len(list(set(df.symbol))))
print(list(set(df.symbol))[:10])
```

统计数据如图 16.14 所示：数据集中共有 851264 条数据，其中，symbol 数据为 object 类型，其余数据均为 float64 类型，数据集中共有 501 只不同的股票；列举了部分股票的英文名称代码。

```
<class 'pandas.core.frame.DataFrame'>
Index: 851264 entries, 2016-01-05 to 2016-12-30
Data columns (total 6 columns):
symbol     851264 non-null object
open       851264 non-null float64
close      851264 non-null float64
low        851264 non-null float64
high       851264 non-null float64
volume     851264 non-null float64
dtypes: float64(5), object(1)
memory usage: 45.5+ MB

number of different stocks: 501
['AAPL', 'CLX', 'ETR', 'MCK', 'WMT', 'HCN', 'CTSH', 'NVDA', 'AIV', 'EFX']
```

图 16.14　统计数据

本实验以英文名称代码为 EQIX 的股票为例进行价格预测，绘图展示该股票的价格及交易量变化，如图 16.15 所示。

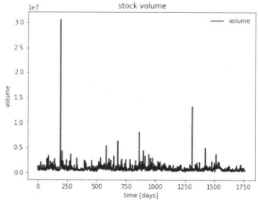

图 16.15　EQIX 股票的价格及交易量变化

在图 16.15 中，左图显示了股票价格随时间的变化趋势，右图显示了股票每天的交易量。

16.2.3 处理数据

首先选取一只股票，这里依旧以 EQIX 为例，因为预测价格不需要用到交易量数据，所以在此去除股票交易量数据，之后采用最小最大规范化准则对股票价格进行标准化处理，使股票的价格在[0,1]之间，并按照 16.2.2 节所述比例对数据集进行划分。

最小最大规范化处理：

```
# function for min-max normalization of stock
def normalize_data(df):
    min_max_scaler = sklearn.preprocessing.MinMaxScaler()
    df['open'] = min_max_scaler.fit_transform(df.open.values.reshape(-1, 1))
    df['high'] = min_max_scaler.fit_transform(df.high.values.reshape(-1, 1))
    df['low'] = min_max_scaler.fit_transform(df.low.values.reshape(-1, 1))
    df['close'] = min_max_scaler.fit_transform(df['close'].values.reshape(-1, 1))
    return df
```

创建训练集、验证集和测试集：

```
# function to create train, validation, test data given stock data and
sequence length
def load_data(stock, seq_len):
    data_raw = stock.iloc[:,:].values # convert to numpy array
    data = []
    # create all possible sequences of length seq_len
    for index in range(len(data_raw) - seq_len):
        data.append(data_raw[index: index + seq_len])
    data = np.array(data);
    valid_set_size = int(np.round(valid_set_size_percentage / 100 *
data.shape[0]));
    test_set_size = int(np.round(test_set_size_percentage / 100 *
data.shape[0]));
    train_set_size = data.shape[0] - (valid_set_size + test_set_size);
    x_train = data[:train_set_size, :-1, :]
    y_train = data[:train_set_size, -1, :]
    x_valid = data[train_set_size:train_set_size + valid_set_size, :-1, :]
    y_valid = data[train_set_size:train_set_size + valid_set_size, -1, :]
    x_test = data[train_set_size + valid_set_size:, :-1, :]
    y_test = data[train_set_size + valid_set_size:, -1, :]
```

```
    return [x_train, y_train, x_valid, y_valid, x_test, y_test]
```

标准化后的股票价格如图 16.16 所示，可以看出，经过处理的股票价格在[0,1]之间，便于之后在预测数据和真实数据之间进行比较。

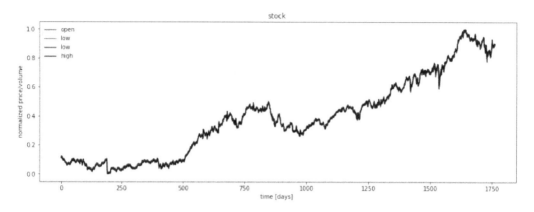

图 16.16　标准化后的股票价格

16.3　算法实战

16.3.1　模型构建

本实验采用 TensorFlow 框架搭建模型，主要实验参数如下：

```
n_steps = seq_len - 1
n_inputs = 4
n_neurons = 200
n_outputs = 4
n_layers = 2
learning_rate = 0.001
batch_size = 50
n_epochs = 100
```

其中，n_steps 表示步长，n_inputs 表示输入数据，n_neurons 表示神经元数量，n_outputs 表示输出数据，n_layers 表示层数，learning_rate 表示学习率，batch_size 表示一批训练数据的大小，n_epochs 表示训练的轮数。

采用均方误差作为损失函数，优化器选取 Adam。实现代码如下：

```
loss = tf.reduce_mean(tf.square(outputs - y)) # loss function = mean squared
error
    optimizer = tf.train.AdamOptimizer(learning_rate=learning_rate)
    training_op = optimizer.minimize(loss)
```

16.3.2　验证数据

完成模型构建后，采用训练集进行训练，并用验证集对训练结果进行验证。实现代码如下：

```
with tf.Session() as sess:
    sess.run(tf.global_variables_initializer())
    for iteration in range(int(n_epochs * train_set_size / batch_size)):
        x_batch, y_batch = get_next_batch(batch_size)  # fetch the next
training batch
        sess.run(training_op, feed_dict={X: x_batch, y: y_batch})
        if iteration % int(5 * train_set_size / batch_size) == 0:
            mse_train = loss.eval(feed_dict={X: x_train, y: y_train})
            mse_valid = loss.eval(feed_dict={X: x_valid, y: y_valid})
            print('%.2f epochs: MSE train/valid = %.6f/%.6f' % (
                iteration * batch_size / train_set_size, mse_train, mse_valid))
    y_train_pred = sess.run(outputs, feed_dict={X: x_train})
    y_valid_pred = sess.run(outputs, feed_dict={X: x_valid})
    y_test_pred = sess.run(outputs, feed_dict={X: x_test})
```

训练及验证结果如图 16.17 所示。

```
0.00 epochs: MSE train/valid = 0.125422/0.300375
4.99 epochs: MSE train/valid = 0.000243/0.001049
9.97 epochs: MSE train/valid = 0.000150/0.000744
14.96 epochs: MSE train/valid = 0.000136/0.000558
19.94 epochs: MSE train/valid = 0.000129/0.000432
24.93 epochs: MSE train/valid = 0.000114/0.000543
29.91 epochs: MSE train/valid = 0.000097/0.000431
34.90 epochs: MSE train/valid = 0.000100/0.000294
39.89 epochs: MSE train/valid = 0.000085/0.000304
44.87 epochs: MSE train/valid = 0.000079/0.000278
49.86 epochs: MSE train/valid = 0.000090/0.000395
54.84 epochs: MSE train/valid = 0.000077/0.000322
59.83 epochs: MSE train/valid = 0.000073/0.000234
64.81 epochs: MSE train/valid = 0.000090/0.000426
69.80 epochs: MSE train/valid = 0.000065/0.000251
74.78 epochs: MSE train/valid = 0.000081/0.000363
79.77 epochs: MSE train/valid = 0.000122/0.000311
84.76 epochs: MSE train/valid = 0.000076/0.000278
89.74 epochs: MSE train/valid = 0.000087/0.000380
94.73 epochs: MSE train/valid = 0.000072/0.000275
99.71 epochs: MSE train/valid = 0.000060/0.000211
```

图 16.17　训练及验证结果

如图 16.17 所示，随着训练的不断进行，训练集和验证集的均方误差损失逐渐下降并最终达到较低值。

16.3.3 股票价格预测

加载测试集，对股票价格进行预测，可以预测股票的开盘价、收盘价、最低价和最高价。实现代码如下：

```
ft = 0;  #0 = open, 1 = close, 2 = highest, 3 = lowest
#预测代码
plt.figure(figsize=(15, 5));
plt.subplot(1,2,1)
plt.plot(np.arange(y_train.shape[0]), y_train[:,ft], color='blue', label=
'train target')
plt.plot(np.arange(y_train.shape[0], y_train.shape[0]+y_valid.shape[0]),
y_valid[:,ft],
    color='gray', label='valid target')
plt.plot(np.arange(y_train.shape[0]+y_valid.shape[0],
    y_train.shape[0]+y_test.shape[0]+y_test.shape[0]),
    y_test[:,ft], color='black', label='test target')
plt.plot(np.arange(y_train_pred.shape[0]),y_train_pred[:,ft],
color='red',
    label='train prediction')
plt.plot(np.arange(y_train_pred.shape[0], y_train_pred.shape[0]+y_valid_
pred.shape[0]),
    y_valid_pred[:,ft], color='orange', label='valid prediction')
plt.plot(np.arange(y_train_pred.shape[0]+y_valid_pred.shape[0],
    y_train_pred.shape[0]+y_valid_pred.shape[0]+y_test_pred.shape[0]),
    y_test_pred[:,ft], color='green', label='test prediction')
plt.title('past and future stock prices')
plt.xlabel('time [days]')
plt.ylabel('normalized price')
plt.legend(loc='best');
plt.subplot(1,2,2);
plt.plot(np.arange(y_train.shape[0], y_train.shape[0]+y_test.shape[0]),
    y_test[:,ft], color='black', label='test target')
plt.plot(np.arange(y_train_pred.shape[0],
y_train_pred.shape[0]+y_test_pred.shape[0]),
    y_test_pred[:,ft], color='green', label='test prediction')
plt.title('future stock prices')
plt.xlabel('time [days]')
plt.ylabel('normalized price')
plt.legend(loc='best');
```

股票开盘价预测结果如图 16.18 所示，左图显示了在训练集、验证集和测试集上的预测数据和真实数据的对比，右图显示了预测结果（测试集）的表现。通过图 16.18 可以看出，基于循环神经网络的股票价格预测能大致反映股票价格未来的走向，在该数据集上取得了较好的应用效果。

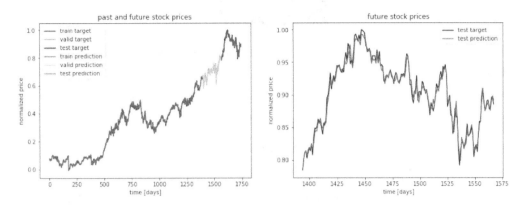

图 16.18　股票开盘价预测结果

16.4　本章小结

本章从语言模型入手，首先分析了卷积神经网络在处理类似问题时的局限性，由此引入了循环神经网络，介绍了循环神经网络的基本原理及其适用场景；之后讲述了双向循环神经网络相较于基本神经网络能够更好地处理双向输入问题；接着阐述了循环神经网络的训练方法，即通过 BPTT 算法来实现；最后分析了循环神经网络存在梯度消失和梯度爆炸问题，为解决此问题，引入了一种门控循环神经网络——长短时记忆网络，并对该网络的基本算法原理进行了介绍。在实验部分，本章使用循环神经网络进行股票价格预测，采用纽约证券交易所股票数据作为数据集，详细介绍了该数据集并对数据预处理进行了讲解，阐述了算法模型的构建原理，采用验证集对数据进行验证并最终完成了股票价格预测。实验结果显示基于循环神经网络的股票价格预测能大致反映股票价格未来的走向。

16.5　本章习题

1. 为什么需要循环神经网络？
2. 循环神经网络和卷积神经网络的异同点有哪些？
3. 为什么循环神经网络训练时的损失函数的值波动很大？
4. 循环神经网络中为什么会出现梯度消失问题？如何解决？
5. 长短时记忆网络为什么能解决循环神经网络中的梯度消失和梯度爆炸问题？

习题解析

参考文献

[1] 周庆国，雍宾宾，周睿，等．人工智能技术基础[M]．北京：人民邮电出版社，2021．

[2] 李东方．Python 程序设计基础[M]．北京：电子工业出版社，2017．

[3] 董付国．Python 程序设计开发宝典[M]．北京：清华大学出版社，2017．

[4] 周志华．机器学习[M]．北京：清华大学出版社，2016．

[5] 李博．机器学习实践应用[M]．北京：人民邮电出版社，2017．

[6] （美）KUBAT M．机器学习导论[M]．王勇，仲国强，孙鑫，译．北京：机械工业出版社，2016．

[7] （美）HARRINGTON P．机器学习实战[M]．李锐，李鹏，曲亚东，等，译．北京：人民邮电出版社，2013．

[8] 叶韵．深度学习与计算机视觉：算法原理、框架应用与代码实现[M]．北京：机械工业出版社，2017．

[9] 龙良曲．TensorFlow 深度学习：深入理解人工智能算法设计[M]．北京：清华大学出版社，2020．

[10] 杨云，杜飞．深度学习实战[M]．北京：清华大学出版社，2018．

[11] 焦李成，赵进，杨淑媛，等．深度学习、优化与识别[M]．北京：清华大学出版社，2017．

[12] 吴岸城．神经网络与深度学习[M]．北京：电子工业出版社，2016．

反侵权盗版声明

电子工业出版社依法对本作品享有专有出版权。任何未经权利人书面许可，复制、销售或通过信息网络传播本作品的行为；歪曲、篡改、剽窃本作品的行为，均违反《中华人民共和国著作权法》，其行为人应承担相应的民事责任和行政责任，构成犯罪的，将被依法追究刑事责任。

为了维护市场秩序，保护权利人的合法权益，我社将依法查处和打击侵权盗版的单位和个人。欢迎社会各界人士积极举报侵权盗版行为，本社将奖励举报有功人员，并保证举报人的信息不被泄露。

举报电话：（010）88254396；（010）88258888

传　　真：（010）88254397

E-mail：　dbqq@phei.com.cn

通信地址：北京市海淀区万寿路 173 信箱
　　　　　电子工业出版社总编办公室

邮　　编：100036